高等职业教育"十二五"规划教材

数控加工编程与操作

主　编　高汉华　李景魁

副主编　时　铖　庄德新　乔振华　张福琴

主　审　韩森和

U0316472

中国铁道出版社

CHINA RAILWAY PUBLISHING HOUSE

内 容 简 介

本书是根据数控技术领域职业岗位群的需求,以"工学结合"为切入点,以"工作任务"为导向,模拟职业岗位要求开发的理论与实践一体化的项目式教材。本书以数控加工中典型零件为载体,重点突出操作技能及相关的专业知识,理论知识以实用、够用为度编写而成。教材内容包括 FANUC 系统数控车削编程与操作、数控铣削编程与操作、加工中心编程与操作等三个方面,共设置了 8 个项目。各项目的难度呈递进关系,每个项目中配有拓展训练任务,供学生课后训练使用。

本书合作为高等职业学校、高等专科学校、成人教育及本科院校举办的二级职业技术学院数控技术专业、模具设计与制造专业及其他相关专业教学用书,还可作为数控机床编程与操作人员的参考书。

图书在版编目(CIP)数据

数控加工编程与操作 / 高汉华,李景魁主编. —北京:
中国铁道出版社,2013.11
高等职业教育"十二五"规划教材
ISBN 978 - 7 - 113 - 16574 - 1

Ⅰ. ①数… Ⅱ. ①高…②李… Ⅲ. ①数控机床—程序
设计—高等职业教育—教材②数控机床—操作—高等职业
教育—教材 Ⅳ. ①TG659

中国版本图书馆 CIP 数据核字(2013)第 104723 号

书　　名:**数控加工编程与操作**
作　　者:高汉华　李景魁　主编

策　　划:任晓红　　　　　　　　　读者热线:400 - 668 - 0820
责任编辑:马洪霞
编辑助理:耿京霞
封面设计:路　瑶
封面制作:白　雪
责任印制:李　佳

出版发行:中国铁道出版社(100054,北京市西城区右安门西街 8 号)
网　　址:http://www.51eds.com
印　　刷:北京昌平百善印刷厂
版　　次:2013 年 11 月第 1 版　　　2013 年 11 月第 1 次印刷
开　　本:787 mm×1 092 mm　1/16　印张:13　字数:324 千
书　　号:ISBN 978 - 7 - 113 - 16574 - 1
定　　价:28.00 元

前　　言

　　本教材是根据数控技术领域职业岗位群的需求,参考人力资源社会保障部培训就业司颁发的《数控加工专业教学计划与教学大纲》,并结合《数控程序员国家职业标准》、《数控车工国家职业标准》、《数控铣工国家职业标准》和《加工中心操作工职业标准》,在广泛调研的基础上,组织企业生产一线人员和学校专任教师等共同编写了本书。

　　本教材是以"工学结合"为切入点,以"工作任务"为导向,模拟职业岗位要求开发的理论与实践一体化的项目式教材。本书改变了传统的数控编程教材以指令为主线的章节分配形式,以数控加工中的典型零件为载体,重点突出与操作技能相关的必备专业知识,理论知识以实用、够用为度。教材内容包括数控车削编程与操作、数控铣削编程与操作、加工中心编程与操作等3个方面,共设置了包含数控车削编程与操作基础、轴套类零件车削编程与操作、螺纹零件车削编程与操作、典型零件车削编程与操作、平面与外轮廓铣削编程与操作、槽腔铣削编程与操作、孔板零件铣削编程与操作、加工中心编程与操作等8个项目,每个项目中设置了若干任务,每个任务以 FANUC 系统为例提供了参考程序,具有较强的针对性和适应性,每个任务的内容相对独立,每个项目中各任务的难度总体上呈递进关系,每个任务中配有拓展训练任务,供学生课后训练使用。每个任务按项目任务书→任务解析→知识准备→任务实施→拓展训练等内容展开,体现了数控加工岗位的职业工作过程。

　　本教材为突出理论实践一体化教学的原则,适用于数控编程教学、数控仿真训练和机床实操训练,具有较强的针对性和适应性,也适于作为数控加工实训教材。

　　本教材由无锡商业职业技术学院高汉华、李景魁任主编,无锡太湖技工学校时铖、吉林科技职业技术学院庄德新、乔振华、张福琴任副主编,高汉华负责全书的统稿和定稿。武汉职业技术学院韩森和主审。在编写过程中,还得到无锡商业职业技术学院教改课题经费支持,无锡协易机床城等单位也给予了大力支持和帮助,在此谨对他们表示衷心感谢。

　　由于时间仓促,加之编者水平有限,书中存在不足之处在所难免,恳请广大读者给予批评指正。

编　者

2013 年 5 月

目　　录

项目1　数控车削编程与操作基础

任务1　柱面轴零件车削编程与操作

项目任务书

　　某单位准备加工如图 1-1 所示的销轴零件。该零件已完成粗加工，单边留有 0.25 mm
的加工余量。

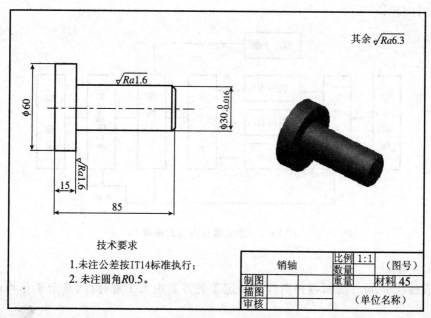

技术要求
1. 未注公差按IT14标准执行；
2. 未注圆角R0.5。

销轴		比例	1:1	（图号）
		数量		
制图		重量		材料 45
描图				
审核				（单位名称）

图 1-1　销轴

　　①任务要求：制定该零件数控车削工艺并编制该零件的精加工程序。
　　②学习目标：掌握数控程序的编制方法及步骤，学习 G00/G01 等基本编程指令的应用。

任务解析

图 1-1 所示的销轴零件,外圆和端面需要加工,$\phi30$ 外圆加工精度较高。

①设销轴零件毛坯尺寸为 $\phi60 \times 140$,轴心线为工艺基准,用三爪自定心卡盘夹持 $\phi60$ 外圆,使工件伸出卡盘 100 mm,一次装夹完成粗、精加工。

②加工顺序。零件已完成端面及外圆的粗车,每面留有 0.25 mm 的精加工余量($\phi30 \times 70$、$\phi60 \times 15$),本工序从右到左精车端面及外圆,达到尺寸及精度要求。

③基点计算按标注尺寸的平均值计算。

知识准备

一、编程方法和步骤

数控机床是一种自动化机床,在数控机床上加工零件时,首先要编制零件的加工程序。所谓数控编程是指从零件图样到获得数控加工程序的全部工作过程。

1. 数控程序的编制方法

数控程序的编制方法主要有手工编程和自动编程两种。

(1)手工编程

手工编程主要由人工来完成数控编程中各个阶段的工作,如图 1-2 所示。对于几何形状不太复杂的零件,所需的加工程序不长,计算比较简单,故用手工编程比较合适。

手工编程的特点:耗费时间较长,容易出现错误,无法胜任复杂形状零件的编程。据国外不完全资料统计,当采用手工编程时,一段程序的编写时间与其在机床上运行加工的实际时间之比平均约为 30∶1,而无法使用数控机床加工的原因中有 20%~30% 是由于加工程序编制困难,编程时间较长。

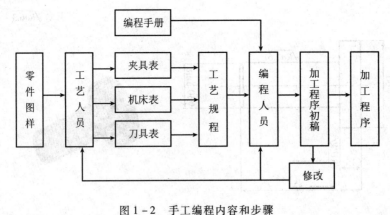

图 1-2 手工编程内容和步骤

(2)自动编程

在编程过程中,除了分析零件图样和制定工艺方案由人工进行外,其余工作均由计算机辅助完成。

采用计算机自动编程时,数学处理、编写程序、检验程序等工作是由计算机自动完成的。由于计算机可自动绘制出刀具中心运动轨迹,编程人员可及时检查程序是否正确,需要时可随时修改;又由于计算机自动编程代替程序编制人员完成了繁琐的数值计算,可提高编程效率几十倍乃至上百倍,因此,解决了手工编程无法解决的许多复杂零件的编程难题。

2. 数控编程的步骤

编制数控程序一般要经过图1-3所示的几个编程步骤。

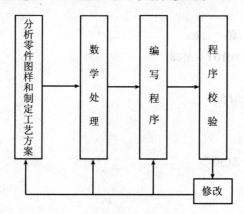

图1-3　数控编程内容和步骤

(1)分析零件图样和制定工艺方案

在分析零件图样时,要看懂零件的结构,根据工件的形状尺寸、尺寸精度、几何公差、表面粗糙度及热处理等要求,必要时还应根据零件相关的装配图,弄清零件的作用及关键部位的要求,以此来作为制定工艺方案的依据。在熟悉图样的基础上,就可以制定零件的工艺过程。制定工艺的主要工作是确定加工方法、加工顺序、选择定位面、确定夹紧方式、正确地选择刀具及合适的切削用量、正确使用切削液等。制定的加工工艺,在保证零件精度的前提下,应使进给路线要短,进给次数要少,换刀次数也要尽可能少,加工安全可靠。

(2)数学处理

数控机床加工是根据工件的几何图形分段进行的,因此,在编程前,要对组成零件形状的几何元素进行分析、分段,并对几何元素之间的交点、切点、节点、圆心等特殊点的坐标值进行计算,以便编程时使用。

(3)编写加工程序单

按照已经确定的加工顺序、进给路线、选用的刀具、切削用量及辅助动作,结合数控机床所规定的指令代码及程序格式,逐段编写加工程序单,即用数控语言来描述加工过程。另外,还应附上必要的加工示意图、机床调整卡、刀具布置图、工序卡等。

(4)程序校验

数控机床按照程序自动进行切削加工,控制介质上的加工程序必须经过校验,确认正确后才可进入加工。一般可通过数控机床上CRT屏幕的显示功能进行模拟加工,以检查编程轨迹的正确性;对于复杂零件,则需要使用加工铝件或塑料件等措施进行修正。对校验中发现的错误,必须及时改正,并再一次进行校验,直至全部顺利通过。

二、编程格式及字功能

1. 程序的结构

一个完整的数控加工程序,由程序名、程序内容和程序结束指令三部分组成。程序内容是整个程序的核心,它由若干程序段组成。一个程序段由若干个指令字组成,每个指令字是控制系统的一个具体指令,表示数控机床要完成的动作,由字母(地址符)和数字(有些数字还带符号)组成,字母、数字、符号通称为字符。例如:

```
O0010
N0010   G97   G21   G40   G80
N0020   M03   S500   T0101   M08
…
N0060   M98   P1001   L5
…
N0090   M09
N0100   G00   X150   Z150
N0110   M05
N0120   M30
```

这是一个完整的零件加工程序,由 12 个程序段组成,每个程序段以字母"N"开头,可用";"作结束符。整个程序开始于程序名"O0010",以便区别于其他程序,程序名由字母"O"及数字 0010 组成。不同的数控系统程序名地址码不同,有些用字母"O",有些用"%"。整个程序结束用指令 M02 或 M30。

2. 程序段的格式

零件的加工程序由程序段组成。通常有字地址符程序段格式、带分隔符的程序段格式和固定顺序程序段格式,其中最常用的为字地址符程序段格式。

字地址符程序段格式由顺序号字、功能字和程序段结束符组成。每个字都以地址符开始,其后紧跟符号和数字,字的排列顺序没有严格要求,不需要的字及与上一程序段相同意义的字可以不写,如程序段"N0020   G90   G01   X50   Y50   Z50"中,N 为顺序号地址码,用于指令程序顺序号,G 为指令动作方式的准备功能字,X、Y、Z 为坐标轴地址,其后的数字表示该坐标移动的距离。该格式程序简短、直观,便于修改和校验,因此,目前广泛使用。

字地址符程序段格式的编排顺序如下:

N __ G __ X __ Y __ Z __ F __ S __ T __ M __ LF;

> **注意**
>
> 上述程序段中包括的各种指令并非在加工程序的每个程序段中都必须具备,而是根据各程序段的具体功能来编入相应的指令。

3. 常用地址符及其含义

在程序段中表示地址的英文字母可分为尺寸字地址和非尺寸字地址两类。

尺寸字地址的英文字母有 X、Y、Z、U、V、W、P、Q、I、J、K、A、B、C、D、E、R、H 共 18 个字母,非尺寸字地址有 N、G、F、S、T、M、L、O 共 8 个字母。各字母的含义如表 1-1 所示。

表 1-1　地址符的含义

地址	功能	意　义	地址	功能	意　义
A		绕 X 轴旋转	M	辅助功能	机床开关指令
B	坐标字	绕 Y 轴旋转	N	顺序号	程序段顺序号
C		绕 Z 轴旋转	O	程序号	程序号、子程序的指定
D	补偿号	刀具半径补偿指令	P	—	暂停或程序中某功能的开始使用的顺序号
E		第二进给功能字			
F	进给速度	进给速度指令	Q	—	固定循环终止段号或固定循环中的定距
G	准备功能	指令动作方式			
H	补偿号	刀具长度补偿指令	R		圆弧半径的指定
I		圆弧中心 X 轴向坐标			
J	坐标字	圆弧中心 Y 轴向坐标	S	主轴功能	主轴转速的指令
K		圆弧中心 Z 轴向坐标	T	刀具功能	刀具编号的指令
L	重复次数	固定循环及子程序的重复次数			
U		与 X 轴平行的附加轴或增量坐标值或暂停时间	X		X 轴的绝对坐标或暂停时间
V	坐标字	与 Y 轴平行的附加轴或增量坐标值	Y	坐标字	Y 轴的绝对坐标
W		与 Z 轴平行的附加轴或增量坐标值	Z		Z 轴的绝对坐标

4. 字的功能

组成程序段的每一个字都有其特定的功能含义，下面以 FANUC - 0i 数控系统规范为例介绍其功能含义。

（1）顺序号字 N

顺序号字又称为程序段号或程序段序号。顺序号位于程序段之首，由顺序号字 N 和后续 2~4 位数字组成，一般可以省略。

（2）准备功能字 G

准备功能字的地址符是 G，又称为 G 功能或 G 代码，是用于建立机床或控制系统工作方式的一种指令，如表 1-2 所示。

G 代码分为模态和非模态两大类，模态 G 代码已经指定，直到同组 G 代码出现为止一直有效。若在同一个程序中有几个同组模态 G 代码出现，则在书写位置上仅排在最后一个 G 代码有效，非模态 G 代码仅在所在的程序段中有效，故又称为一次性 G 代码。

表 1-2　FANUC - 0i 系统数控车常用准备功能字

G 代码	组别	功能	说明
* G00		快速点定位	
G01	01	直线插补	模态指令
G02		顺圆插补	
G03		逆圆插补	
G04	00	暂停	非模态指令
G17		选择 XY 平面	
* G18	16	选择 XZ 平面	模态指令
G19		选择 YZ 平面	
G20	06	英制输入	模态指令
* G21		公制输入	
G32	01	螺纹切削	模态指令
* G40		刀尖半径补偿取消	模态指令
G41	07	刀尖半径左补偿	模态指令
G42		刀尖半径右补偿	模态指令

续上表

G 代码	组别	功能	说明
G50	00	坐标系设定	非模态指令
*G54		选择工件坐标系 1	
G55		选择工件坐标系 2	
G56	14	选择工件坐标系 3	模态指令
G57		选择工件坐标系 4	
G58		选择工件坐标系 5	
G59		选择工件坐标系 6	
G70		精加切槽工循环	
G71		粗车外圆循环	
G72		粗车端面循环	
G73	00	多重车削循环	非模态指令
G74		端面切槽循环	
G75		外圆切槽循环	
G76		复合螺纹车削循环	
G90		内外径车削循环	
G92	01	螺纹车削循环	模态指令
G94		端面车削循环	
G96	02	主轴恒线速（m/min）	模态指令
*G97		主轴恒转速（r/min）	
G98	05	每分钟进给（mm/min）	模态指令
*G99		每转进给（mm/r）	

注:带有 * 号的 G 代码为初始 G 代码。

（3）尺寸字

尺寸字用于确定机床上刀具运动终点的坐标位置。

第一组 X、Y、Z、U、V、W、P、Q、R 用于确定终点的直线坐标尺寸。

第二组 A、B、C、D、E 用于确定终点的角度坐标尺寸。

第三组 I、J、K 用于确定圆弧轮廓的圆心坐标尺寸。

在一些数控系统中,还可以用 P 指令暂停时间、用 R 指令确定圆弧半径等。

（4）进给功能字 F

进给功能字的地址符是 F,又称为 F 功能或 F 指令,用于指定切削的进给速度。对于车床,F 可分为每分钟进给和主轴每转进给两种,对于其他数控机床,一般只用每分钟进给。

（5）主轴转速功能字 S

主轴转速功能字的地址符是 S,又称 S 功能或 S 指令,用于指定主轴转速,单位为 r/min。

（6）刀具功能字 T

刀具功能字的地址符是 T,又称为 T 功能或 T 指令,用于指定加工时所用刀具的编号。对于数控车床,由刀具的编号字 T 和后续 2~4 位数字组成,例如 T0101 前 2 位表示刀具号,后 2 位数字表示刀尖半径补偿号。

（7）辅助功能字 M

辅助功能字的地址符是 M,后续数字一般为 2 位正整数,又称 M 功能或 M 指令,用于指定数控机床辅助装置的开关动作,如表 1 - 3 所示。

表 1 - 3　常用辅助功能字

M 代码	功能	说明
M00	程序停止	单程序段有效非模态指令
M01	计划停止	
M02	程序结束	
M03	主轴顺时针转动	模态指令
M04	主轴逆时针转动	
M05	主轴停止	
M08	开冷却液	模态指令
M09	关冷却液	
M30	程序结束,返回程序头	非模态指令
M98	调用子程序	模态指令
M99	子程序返回	

三、数控车床坐标系

在数控机床上,为确定机床运动的方向和距离,必须要有一个坐标系才能实现,把这种机床固有的坐标系称为机床坐标系;该坐标系的建立必须依据一定的原则。

目前,数控机床坐标轴的指定方法已标准化,我国国家标准 GB/T 19660—2005《数控机床坐标和运动方向的命名》与国际标准 ISO 和 EIA 等效,即数控机床的坐标系采用右手笛卡儿直角坐标系,它规定直角坐标系中 X、Y、Z 三个直线坐标轴,围绕 X、Y、Z 各轴的旋转运动轴为 A、B、C 轴,用右手螺旋法则判定 X、Y、Z 三个直线坐标轴与 A、B、C 轴的关系及其正方向。

1. 机床坐标系的确定原则

①假定刀具相对于静止的工件而运动的原则。这个原则规定,不论数控机床是刀具运动还是工件运动,均以刀具的运动为准,工件看成静止不动。

②采用右手笛卡儿直角坐标系原则。如图 1 - 4 所示,张开食指、中指与拇指且相三相互垂直,中指指向 +Z 轴,拇指指向 +X 轴,食指指向 +Y 轴。

坐标轴的正方向规定为增大工件与刀具之间距离的方向。旋转坐标轴 A、B、C 的正方向根据右手螺旋法则确定。

③机床坐标轴的确定方法。Z 坐标轴的运动由传递切削动力的主轴所规定;X 坐标轴一般是水平方向,它垂直于 Z 轴且平行于工件的装夹平面;最后根据右手笛卡儿直角坐标系原则确定 Y 轴的方向。

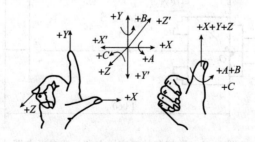

图 1 - 4　右手笛卡儿直角坐标系

2. 数控车床坐标系

数控机床坐标轴的方向取决于机床的类型和各组成部分的布局。数控车床坐标系,如

图1-5所示,Z轴平行于主轴轴心线,以刀具远离工件的方向为Z轴正方向,X轴垂直于主轴轴心线,以刀具远离工件的方向为X轴正方向。

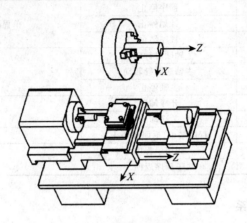

图1-5　数控车床坐标系

3. 机床原点和机床参考点

(1) 机床原点

机床原点即数控机床坐标系的原点,又称机床零点,是数控机床上设置的一个固定点,它在机床装配、调试时就已设置好,一般情况下不允许用户进行更改。数控车床原点一般设置在卡盘后端面,数控铣床原点一般设置在刀具远离工件的极限位置,即各坐标轴正方向的极限点处。

(2) 机床参考点

机床参考点在机床出厂时已调好,并将数据输入到数控系统中。对于大多数数控机床,开机时必须首先进行刀架返回机床参考点操作,以确认机床参考点。回参考点的目的就是为了建立数控机床坐标系,并确定机床坐标系的原点。数控机床参考点在刀具远离工件的极限位置,即各坐标轴正方向的极限点处,机床参考点操作称为回机床零点操作,简称"回零"。

数控车的机床原点、机床参考点如图1-6所示。

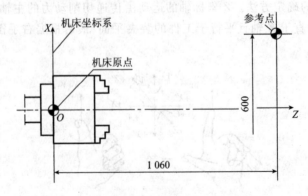

图1-6　数控车的机床原点和机床参考点图

4. 编程坐标系、编程原点

编程坐标系又称为工件坐标系,是编程人员用来定义工件形状和刀具相对工件运动的坐标系。编程人员确定工件坐标系时不必考虑工件毛坯在机床上的实际装夹位置。一般通过对刀获工件坐标系。工件坐标系一旦建立便一直有效,直到被新的工件坐标系所取代。

编程原点是根据加工零件图样及加工工艺要求选定的工件坐标系原点,又称为工件原点。

编程原点的选择应尽量满足编程简单、尺寸换算少、引起的加工误差小等条件。一般情况下,编程原点应选在零件的设计基准或工艺基准上。对数控车床而言,工件坐标系原点一般选在工件轴线与工件的前端面、后端面、卡爪前端面的交点上,各轴的方向应该与所使用的数控机床相应的坐标轴方向一致,如图 1-7 所示,O_2 为车削零件的编程原点。

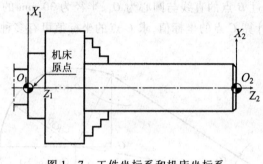

图 1-7　工件坐标系和机床坐标系

5. 对刀点和换刀点

(1) 对刀

对刀是数控车床操作的重要内容,对刀的好坏将直接影响到车削零件的尺寸精度。

①刀位点是指在加工程序编制中,用以表示刀具特征的点,也是对刀和加工的基准点。

②对刀是指执行加工程序前,调整刀具的刀位点,使其尽量重合于某一理想基准点的过程。

(2) 确定对刀点

①尽量与零件的设计基准或工艺基准一致。

②便于用常规量具在车床上进行找正。

③该点的对刀误差应较小,或可能引起的加工误差为最小。

④尽量使加工程序中的切入或返回路线短,以便于换刀。

(3) 确定换刀点

在加工过程中,自动换刀装置的换刀位置。换刀点的位置应保证刀具转位时不碰撞被加工零件或夹具。

四、数控编程中的数学处理

数学处理主要用于手工编程是零件几何要素尺寸、位置的计算,其计算内容主要包括零件轮廓中几何元素的基点、插补线段的节点、刀具位置及一些辅助计算等。

基点就是构成零件轮廓各相邻几何元素之间的交点。如两直线间的交点,直线与圆弧或圆弧与圆弧间的交点或切点,圆弧与二次曲线的交点或切点等。

　　节点是在满足允许加工误差要求条件下用若干插补线段(如直线段或圆弧段等)去逼近实际轮廓曲线时,相邻两插补线段的交点。

　　一般基点和节点为切削点,即刀具切削部位必须切到的位置。

　　刀具位置点是表示刀具所处不同位置的坐标点,即刀位点。

　　辅助计算包括增量计算、辅助程序段的数值计算。

1. 基点计算

　　一般根据零件图样所给已知条件用代数、三角、几何或解析几何的有关知识,可直接计算出基点数值,对于复杂的运算还得借助于计算机。

　　【例1-1】　由图1-8中给出的尺寸可以很容易地找出$A(0,0)$,$B(0,12)$,$D(110,26)$,$E(110,0)$。但基点C是过B点的直线与圆心为O_1、半径为30 mm的圆弧的切点,这个尺寸,图中并未给出,因此,需计算C点的坐标值,求C点的坐标值可有多种方法。

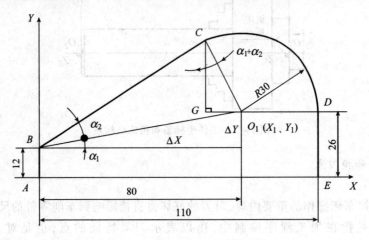

图1-8　零件轮廓基点坐标计算

　　(1)利用联立方程组求解基点

　　过C点作X轴的垂线与过O_1点作Y轴的垂线相交于G点。由图1-8中各坐标位置关系可知:

$$\Delta X = X_1 - X_B = 80 - 0 = 80$$

$$\Delta Y = Y_1 - Y_B = 26 - 12 = 14$$

则

$$\alpha_1 = \arctan\left(\frac{\Delta Y}{\Delta X}\right) = 9.93°$$

$$\alpha_2 = \arctan\left(\frac{R}{\sqrt{\Delta X^2 + \Delta Y^2}}\right) = 21.68°$$

$$K = \tan(\alpha_1 + \alpha_2) = 0.62$$

　　圆心为O_1的圆方程与直线BC的方程联立求解:

$$\begin{cases} (X-80)^2 + (Y-26)^2 = 30^2 \\ Y = 0.62X + 12 \end{cases}$$

　　即可求得C点坐标是$(64.28,51.55)$

（2）利用三角函数关系求解基点

当已知α_1和α_2后，可利用三角函数关系：

$$\begin{cases} 80 - X_C = \sin(\alpha_1 + \alpha_2)R \\ Y_C - 26 = \cos(\alpha_1 + \alpha_2)R \\ X_C = 64.28, Y_C = 51.55 \end{cases}$$

由此可见，直接利用图形间的几何三角关系求解基点坐标，计算过程相对于联立方程求解会简单一些。但用这种方法求解时，必须考虑组成轮廓的直线、圆的方向性，只有这样，在多数情况下解才是唯一的。

2. 节点计算

即用若干直线段或圆弧来逼近给定的曲线，逼近线段的交点或切点即是节点。如图 1-9 所示，图 1-9（a）所示为用直线段逼近非圆曲线的情况，图 1-9（b）所示为用圆弧段逼近非圆曲线的情况。编写程序时，应按节点划分程序段。逼近线段的近似区间越大，则节点数目越少，相应的程序段数目也会减少，但逼近线段的误差应小于或等于编程允许误差 $\delta_允$，即 $\delta \leqslant \delta_允$。考虑到工艺系统及计算误差的影响，$\delta_允$ 一般取零件公差的 1/5~1/10。对立体型面零件又应根据程序编制要求，将曲面分割成不同的加工截面，各加工截面上轮廓曲线要用直线段或圆弧段去逼近轮廓曲线，故必须进行相应的节点计算。

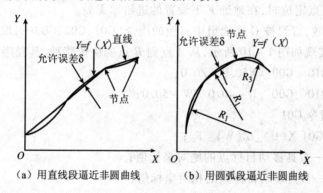

（a）用直线段逼近非圆曲线　　　（b）用圆弧段逼近非圆曲线

图 1-9　非圆曲线的逼近方法

节点计算的方法很多，一般可根据轮廓曲线的特性、数控系统的插补功能及加工要求的精度而定。若轮廓的曲率变化不大，可采用等步长法计算；若轮廓的曲率变化大，可采用等误差法计算；若加工精度要求比较高，可采用逼近程度较高的圆弧插补法计算。节点的数目主要取决于轮廓曲线的特定方程、插补线段的形状及加工要求。

用直线逼近轮廓曲线，常用的节点计算有等间距法、等弦长法、等误差法。

用圆弧段去逼近轮廓曲线，常用的节点计算有曲率圆法、三点圆法、相切圆法和双圆弧法。

五、基本编程指令 G00/G01

1. 快速点定位指令 G00

（1）指令格式

G00 X(U)_ Z(W)_;

其中　　X、Z——刀具移动目标点的绝对坐标值；

U、W——刀具移动目标点的相对坐标值。

（2）说明

①G00 用于快速移动刀具位置,不对工件进行加工。可以在几个轴上同时执行快速移动,由此产生一线性轨迹,如图1－10 所示。

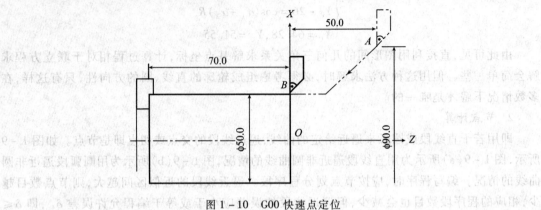

图1－10　G00 快速点定位

②机床数据中规定每个坐标轴快速移动速度的最大值,一个坐标轴运行时就以此速度快速移动。如果快速移动同时在两个轴上执行,则移动速度为两个轴可能的最大速度。

③用 G00 快速点定位时,在地址 F 下设置的进给率无效。

④G00 模态有效,直到被 G 功能组中其他的指令(G01、G02、G03…)取代为止。

【例1－2】　实现如图1－10 所示,从 A 点到 B 点的快速移动,其程序段如下:

绝对编程:N0010　　G00　X50.0　Z0.0;

相对编程:N0010　　G00　U－40.0　W－50.0;

2. 直线插补指令 G01

（1）指令格式 G01 X(U)_ Z(W)_ F_;

其中　　X、Z——刀具移动目标点的绝对坐标值;

　　　　U、W——刀具移动目标点的相对坐标值;

　　　　　F——进给量,单位为 mm/r。

（2）说明

①刀具以直线从起始点移动到目标位置,按地址 F 下设置的进给速度运行。所有的坐标轴可以同时运行,如图1－11 所示。

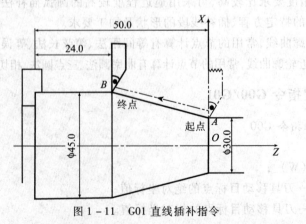

图1－11　G01 直线插补指令

②G01 模态有效,直到被 G 功能组中其他的指令(G00,G02,G03…)取代为止。

【例 1-3】 实现如图 1-11 所示,从 A 点到 B 点的直线插补运动,其程序段如下:

绝对编程:N0030　　G01　　X45.0　　Z-26.0　　F0.3;

相对编程:N0030　　G01　　U15.0　　W-26.0　　F0.3;

六、数控加工工艺文件

数控加工工艺文件主要包括数控加工工艺规程卡、工序卡和数控加工刀具卡。

1. 数控加工工艺规程卡

数控加工工艺规程卡是数控加工工艺文件的重要组成部分。它规定了工序内容、加工顺序、使用设备、刀具、辅具的型号和规格等,如表 1-4 所示。

表 1-4 数控加工工艺规程卡

零件名称		零件材料	毛坯种类	毛坯硬度		毛坯重	编制
××		××	××	××		××	××
工序号	工序名称	设备名称	夹具	刀具		辅具	冷却液
				编号	规格		
1							
2							
编制	××	审核	××	批准	××	年　月　日	共　页	第　页

2. 工序卡

工序卡是编制数控加工程序的重要依据之一,应按已确定的工步顺序编写。工序卡的内容包括工步号、工步内容、刀具名称和切削用量等,如表 1-5 所示。

表 1-5 数控加工工序卡片

单位名称	××	产品名称	零件名称	零件图号
		××	××	××
工序号	程序编号	夹具名称	使用设备	车间
××	××	××	××	××

工序简图:

工步号	工步内容	刀具号	刀具规格 mm	主轴转速 $n/(r/min)$	进给量 $f/(mm/r)$	背吃刀量 a_p/mm	备注
1							
2							
编制	××	审核	××	批准	××	年　月　日	共　页	第　页

3. 刀具使用卡

刀具使用卡是说明完成一个零件加工所需的全部刀具,主要包括刀具名称、型号、规格、尺寸、补偿号等内容,如表 1-6 所示。

表 1-6　数控加工刀具使用卡

产品名称		××		零件名称		××		零件图号	××
序号	刀具号	刀具规格名称	数量	加工表面		刀尖半径 R/mm	刀尖方位 T	备注	
1									
2									
编制	××		审核		××	批准	××	共　页	第　页

七、工艺分析的内容与步骤

1. 工件的装夹与找正

正确、合理地选择工件的定位与夹紧方式,是保证零件加工精度的必要条件。

（1）定位基准的选择

要力求使设计基准、工艺基准与编程计算基准统一,减少基准不重合误差和数控编程中的计算工作量,并尽量减少装夹次数;在多工序或多次安装中,要选择相同的定位基准,保证零件的位置精度;要保证定位准确,可靠,夹紧机构简单,操作简便。

（2）常用的装夹方法

①在三爪自定心卡盘上装夹。这种方法装夹工件方便、省时、自动定心好,但夹紧力较小,适用于装夹外形规则的中、小型工件。三爪自定心卡盘可安装成正爪或反爪两种形式,反爪用来装夹直径较大的工件,如图 1-12 所示。

②在两顶尖之间装夹。这种方法安装工件不需找正,每次装夹的精度高,适用于长度尺寸较大或加工工序较多的轴类工件装夹,如图 1-13 所示。

图 1-12　三爪定心卡盘(反爪)

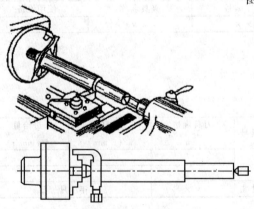

图 1-13　用前后顶尖装夹工件

2. 工艺路线的确定

（1）工序的划分

①以一次安装工件所进行的加工为一道工序。位置精度要求较高的表面加工,安排在一次安装下完成,以免多次安装所产生的安装误差影响位置精度。

②以粗、精加工划分工序。粗精加工分开可以提高加工效率,对于容易发生加工变形的零件,更应将粗、精加工内容分开。

③以同一把刀具加工的内容划分工序。根据零件的结构特点,将加工内容分成若干部分,每一部分用一把典型刀具加工,这样可以减少换刀次数和空行程时间。

④以加工部位划分工序。根据零件的结构特点,将加工的部位分成几个部分,每一部分的加工内容作为一个工序。

（2）工序顺序的安排

①基面先行。先加工定位基准面,减少后面工序的装夹误差。如轴类零件,先加工中心孔,再以中心孔为精基准加工外圆表面和端面。

②先粗后精。先对各表面进行粗加工,然后再进行半精加工和精加工,逐步提高加工精度。

③先近后远。离对刀点近的部位先加工,离对刀点远的部位后加工,以便缩短刀具移动距离,减少空行程时间。同时有利于保持工件的刚性,改善切削条件,对于直径相差不大的阶梯轴,当第一刀的背吃刀量未超限时,应以 φ10 mm、φ16 mm、φ24 mm 的顺序由近及远地进行车削。

④内外交叉。先进行内、外表面的粗加工,后进行内、外表面的精加工。不能加工完内表面后,再加工外表面。

（3）进给路线的确定

进给路线是刀具在加工过程中相对于工件的运动轨迹,也称走刀路线。它既包括切削加工的路线,又包括刀具切入、切出的空行程;不但包括了工步的内容,也反映出工步的顺序,是编写程序的依据之一。因此,以图形的方式表示进给路线,可为编程带来很大方便。

①粗加工路线的确定。矩形循环进给路线。利用数控系统的矩形循环功能,确定矩形循环进给路线,这种进给路线刀具切削时间最短,刀具损耗最小,为常用的粗加工进给路线。

三角形循环进给路线。利用数控系统的三角形循环功能,确定三角形循环进给路线,这种进给路线刀具总行程最长,一般只适用于单件小批量生产。

阶梯切削进给路线。当零件毛坯的切削余量较大时,可采用阶梯切削进给路线,在同样背吃刀量的条件下,加工后剩余量过多,不宜采用,如图 1-14 所示。

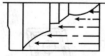  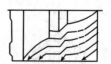

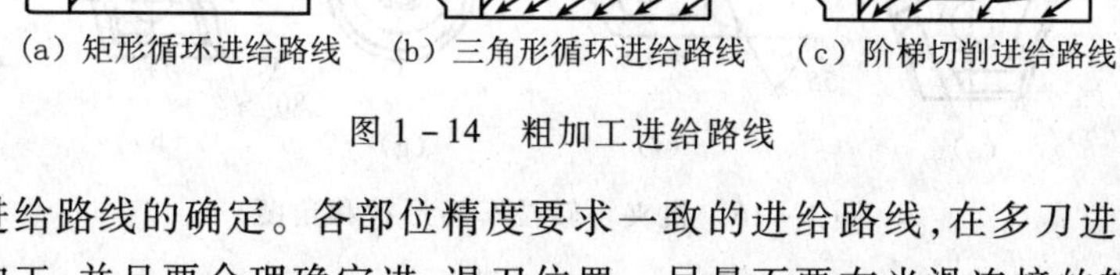

　（a）矩形循环进给路线　　（b）三角形循环进给路线　　（c）阶梯切削进给路线

图 1-14　粗加工进给路线

②精加工进给路线的确定。各部位精度要求一致的进给路线,在多刀进行精加工时,最后一刀要连续加工,并且要合理确定进、退刀位置。尽量不要在光滑连接的轮廓上安排切入和切出或换刀及停顿,以免因切削力变化造成弹性变形,产生表面划伤、形状突变或滞留刀痕的缺陷。

3. 选用车刀

数控车床使用的刀具有焊接式和机夹式之分,目前机夹式刀具在数控车床上应用广泛,如图1-15所示。机夹可转位车刀形状和角度如图1-16所示。选择机夹式刀具的关键是选择刀片,在选择刀片上要考虑以下几点。

①工件常用材料有黑色金属、有色金属、复合材料、非金属材料等。

②工件材料的性能。包括硬度、强度、韧性和内部组织状态等。

③切削工艺类别包括粗加工、精加工、内孔、外圆加工等。

④零件的几何形状、加工余量和加工精度。

⑤要求刀片承受的切削用量。

⑥零件的生产批量和生产条件。

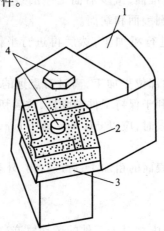

图1-15 机夹可转位车刀
1—刀杆;2—刀片;3—刀垫;4—压紧螺钉

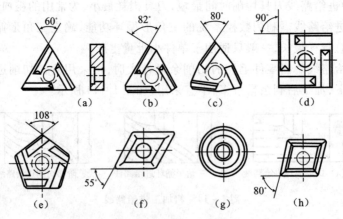

图1-16 机夹可转位车刀形状和角度

被加工表面形状及适用的刀片形状如表1-7所示。

表 1-7　被加工表面形状及适用的刀片形状

	主偏角	45°	45°	60°	75°	95°
车削外圆	加工示意图	45° ←	45° ←	60°	75°	95°
	主偏角	75°	90°	90°	90°	
车削端面	加工示意图	75° ↑	90° ↑	90° ↑	90° ↑	
	主偏角	15°	45°	60°	90°	
车削成形面	加工示意图	15° ↑	45° ↑	60°	90°	

4. 切削用量的确定

切削用量包括切削速度、进给量和切削深度。数控加工时对同一加工过程选用不同的切削用量,会产生不同的切削效果。合理的切削用量应能保证工件的质量要求(如加工精度和表面粗糙度),在切削系统强度和刚性允许的条件下充分利用机床功率,最大限度地发挥刀具的切削性能,并保证刀具有一定的使用寿命。

选择切削用量一般遵循以下原则:

(1)粗车时切削用量的选择

粗车时一般以提高生产率为主,兼顾经济性和加工成本;提高切削速度、加大进给量和背吃刀量都能提高生产率,其中切削速度对刀具寿命的影响最大,背吃刀量对刀具寿命的影响最小,所以考虑粗加工切削用量时,首先应选择一个尽可能大的背吃刀量,其次选择较大的进给速度,最后在刀具使用寿命和机床功率允许的条件下选择一个合理的切削速度。

(2)精车、半精车时切削用量的选择

精车和半精车的切削用量要保证加工质量,兼顾生产率和刀具使用寿命。

精车和半精车的背吃刀量是根据零件加工精度和表面粗糙度要求,及粗车后留下的加工余量决定的,一般情况是一次去除余量。

精车和半精车的背吃刀量较小,产生的切削力也较小,所以可在保证表面粗糙度的情况下,适当加大进给量。

对应数控车削加工的常用刀具材料、工件材料与切削用量如表 1-8 所示。

表 1-8　切削用量推荐表

零件材料及毛坯尺寸	加工内容	背吃刀量 a_p/mm	主轴转速 n/(r/min)	进给量 f/(mm/r)	刀具材料
45 钢坯料,外径 φ20~60,内径 φ13~20	粗加工	1~2.5	300~800	0.15~0.4	硬质合金(YT 类)
	精加工	0.25~0.5	600~1000	0.08~0.2	
	切槽、切断(切刀宽 35)	—	300~500	0.05~0.1	
	钻中心孔	—	300~800	0.1~0.2	高速钢
	钻孔	—	300~500	0.05~0.2	高速钢

任务实施

1. 数控加工工艺分析

（1）选择机床设备及刀具

根据零件图样要求，选 CK6150 型卧式数控车床。

根据加工要求，选用 1 把 900 硬质合金外圆车刀；刀号 T0100。把刀具在自动换刀刀架上安装好且对好刀，把刀偏值输入控制器中相应的刀具参数中，刀具卡片如表 1-9 所示。

表 1-9 刀具卡片

产品名称		××		零件名称		模柄	零件图号	××
序号	刀具号	刀具规格名称	数量	加工表面	刀尖半径 R/mm	刀尖方位 T	备注	
1	T0100	90°硬质合金 外圆车刀	1	精车端面及倒角、 φ30、φ60 外圆	0.2	3		
编制	××	审核	××	批准	××		共 页	第 页

（2）确定切削用量

切削用量的具体数值应根据机床性能、相关的手册并结合实际经验用类比方法确定，切削用量推荐值可参见表 1-8 和表 1-10。

（3）确定工件坐标系、对刀点和换刀点

确定以工件的右端面与轴心线的交点 O 为工件原点，建立工件坐标系。采用手动试切对刀方法，把点 1 作为对刀点。假设换刀点设置在工件坐标系下 X100、Z80 处，数控加工工序卡如表 1-10 所示。

表 1-10 模柄零件数控加工工序卡片

单位名称		××	产品名称	零件名称	零件图号
			××	销钉	××
工序号		程序编号	夹具名称	使用设备	车间
×××		00020	三爪自定心卡盘	CK6150 数控车	数控实训车间

工序简图：

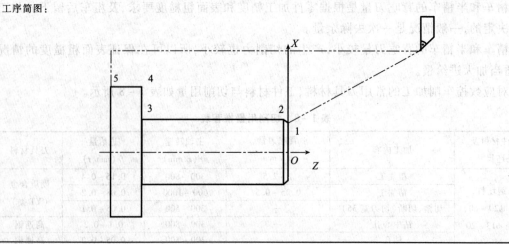

续上表

工步号	工步内容	刀具号	刀具规格 mm	主轴转速 $n/(\text{r/min})$	进给量 $f/(\text{mm/r})$	背吃刀量 a_p/mm	备注
1	装夹						手动
2	对刀,编程原点工件右端面			450			手动
3	车端面	T0100	90°硬质合金外圆车刀	750	0.08	0.25	自动
4	精车倒角、φ30、φ60 外圆达尺寸及精度要求			750	0.08	0.25	自动
编制	××	审核 ××	批准 ××	年 月 日		共 1 页	第 1 页

（4）基点运算

以工件右端面的中心点为编程原点,采用绝对尺寸编程,基点值按零件标注的平均值计算。切削加工的基点计算值如表 1－11 所示。

表 1－11 切削加工的基点计算值

基点	1	2	3	4	5	6
X	26.0	29.92	29.92	60.0	60.0	100.0
Z	0	－2.0	－70.0	－70.0	－85.0	－85.0

2. 程序编制

销钉零件精加工程序编制清单如表 1－12 所示

表 1－12 销钉零件精加工程序编制清单

程序	注释
O0020	程序名
N0010 G97 G99 ;	主轴恒转速,每转进给
N0020 S750 M03 ;	主轴正转,750 r/min
N0030 T0101 ;	换 1 号车刀,1 号刀补
N0040 G00 X35.0 Z0.0 ;	快速移动刀具定位
N0050 G01 X － 1.0 F0.08 ;	精车端面,进给量 0.08 mm/r
N0060 G00 Z5.0 ;	快速移动刀具定位
N0070 X26.0 ;	快速移动刀具定位
N0080 G01 Z0 F0.08	接近工件
N0090 X29.92 Z － 2.0	倒角
N0080 Z － 70.0 ;	精车外圆 φ30×70
N0090 X60.0 ;	精车端面
N0100 Z － 85.0 ;	精车外圆 φ60×15
N0110 G00 X100.0 ;	快速移动刀具定位
N0120 Z80.0 ;	快速移动刀具定位
N0130 M05 ;	停主轴
N0140 M30 ;	程序结束

拓展训练 锥面轴零件车削编程与操作

训练任务书 某单位现准备加工如图 1－17 所示的型芯零件。该件已完成粗加工,单边留有 0.3 mm 的加工余量。

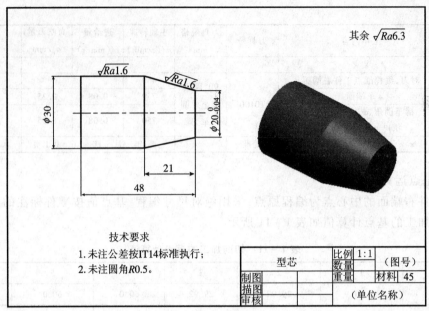

图 1-17   型芯

①任务要求:学生以小组为单位制定该零件数控车削工艺并编制该零件的精加工程序。

②学习目标:进一步掌握数控程序的编制方法及步骤,学习 G00/G01 等基本编程指令的应用。

任务2   凸弧面轴零件车削编程与操作

项目任务书

某单位现准备加工如图 1-18 所示凸圆弧型芯零件。该件已完成粗加工,单边留有 0.5 mm的加工余量。

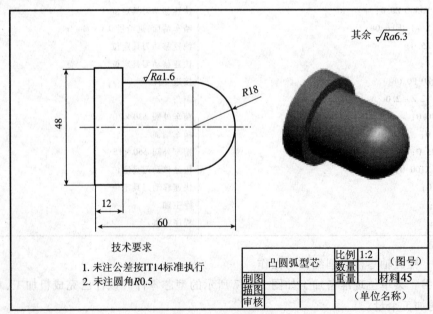

图 1-18   凸圆弧型芯

①任务要求:制定该零件数控车削工艺并编制该零件的精加工程序。

②学习目标:掌握数控程序的编制方法及步骤,学习 G02/G03 等基本编程指令的应用。

任务解析

图 1-18 所示零件,外圆和端面需要加工,无精度要求。

①设型芯零件毛坯尺寸为 $\phi50 \times 120$,轴心线为工艺基准,用三爪自定心卡盘夹持 $\phi50$ 外圆,使工件伸出卡盘 80 mm,一次装夹完成粗、精加工。

②加工顺序。假设毛坯已完成圆弧及外圆的粗车,留 0.5 mm 精加工余量($R18$、$\phi36 \times 30$、$\phi48 \times 20$),从右到左精车圆弧及外圆,达到尺寸要求。

知识准备

圆弧插补指令 G02/G03

(1)指令格式

G02/G03 X(U)_ Z(W)_ I_ K_ F_ ;   圆心和终点编程

G02/G03 X(U)_ Z(W)_ R_ F_ ;   半径和终点编程

其中 X、Z——圆弧终点的绝对坐标值;

　　　U、W——圆弧终点相对圆弧起点的相对坐标值;

　　　I、K——圆弧起点到圆心点的矢量分量,正负同坐标轴方向;

　　　　R——圆弧半径。

(2)说明

①刀具沿圆弧轨迹从圆弧起始点移动到终点,方向由 G 指令确定,如图 1-19(a)所示。

②G02 顺时针圆弧插补;G03 逆时针圆弧插补。

③G02 和 G03 一直有效,直到被 G 功能组中其他的指令(G00,G01,…)取代为止。

④当同一程序段中同时出现 I、K 和 R 时,R 指令优先,I、K 无效。

⑤I、K 值中若为 0 时,可省略不写。

⑥当终点坐标与指定的半径值没有交于同一点时,会显示警示信息。

⑦R 数值前带"-"表明插补圆弧段大于 180°。

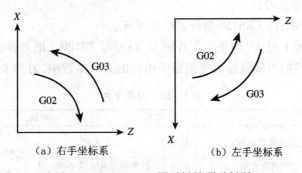

(a)右手坐标系　　　　　　　　(b)左手坐标系

图 1-19 G02/G03 圆弧插补顺逆判别

注意

如图 1-19(b)所示,沿着 X 轴的负方向看圆弧的旋转方向,顺时针圆弧为逆圆插补用 G03,反之用 G02。

【例1-4】 实现如图1-20所示,从A点到B点的圆弧插补运动,其程序段如下:

圆心坐标和终点坐标编程:

绝对编程:N0030 G02 X40.0 Z-20.0 I30.0 K0 F0.3;

相对编程:N0030 G02 U20.0 W-20.0 I30.0 K0 F0.3。

终点和半径尺寸编程:

绝对编程:N0030 G02 X40.0 Z-20.0 R30.0 F0.3;

相对编程:N0030 G02 U20.0 W-20.0 R30.0 F0.3。

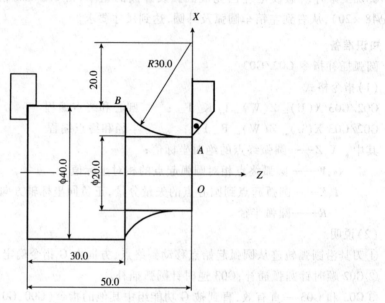

图1-20 圆弧插补实例

任务实施

1. 数控加工工艺分析

(1)选择机床设备及刀具。

根据零件图样要求,选 CK6150 型卧式数控车床。

由加工要求,选用 1 把 93°硬质合金外圆车刀;刀号 T0100。把刀具在自动换刀刀架上安装好且对好刀,把它们的刀偏值输入控制器中相应的刀具参数中,刀具卡片如表 1-13 所示。

表1-13 刀具卡片

产品名称		××		零件名称		模柄	零件图号	××
序号	刀具号	刀具规格名称	数量	加工表面		刀尖半径 R/mm	刀尖方位 T	备注
1	T0100	93°硬质合金 外圆车刀	1	精车圆弧 R18 及 φ36、 φ48 外圆		0.2	3	
编制	××	审核	××	批准		××	共 页	第 页

(2)确定切削用量

切削用量的具体数值应根据机床性能、相关的手册并结合实际经验用类比方法确定,切削用量推荐值可参见表 1-8。

（3）确定工件坐标系、对刀点和换刀点

确定以工件的右端面与轴心线的交点 O 为工件原点,建立工件坐标系。采用手动试切对刀方法,把点 O 作为对刀点。假设换刀点设置在工件坐标系下 X150、Z150 处,数控加工工序卡如表 1 – 14 所示。

表 1 – 14　曲面型芯零件数控加工工序卡片

单位名称		××	产品名称	零件名称		零件图号
			××	曲面型芯		××
工序号		程序编号	夹具名称	使用设备		车间
002		O0030	三爪自定心卡盘	CK6150 数控车		数控实训车间

工序简图:

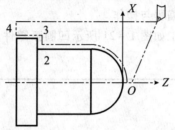

工步号	工步内容	刀具号	刀具规格 mm	主轴转速 $n/(r/min)$	进给量 $f/(mm/r)$	背吃刀量 a_p/mm	备注
1	装夹						手动
2	对刀,编程原点工件右端面			90°硬质	450		手动
3	精车圆弧及 $\phi36$、$\phi48$ 外圆达尺寸要求	T0100	合金外圆车刀	750	0.08	0.5	自动
编制	××	审核	××	批准	××	年 月 日	共1页 第1页

（4）基点运算

以工件右端面的中心点为编程原点,基点值为绝对尺寸编程值。切削加工的基点计算值如表 1 – 15 所示。

表 1 – 15　切削加工的基点计算值

基点	0	1	2	3	4
X	0	36.0	36.0	48.0	48.0
Z	0	– 18.0	– 48.0	– 48.0	– 60.0

2. 程序编制

曲面型芯零件精加工程序编制清单如表 1 – 16 所示。

表 1 – 16　型芯零件精加工程序编制清单

程序	注释
O0030	程序名
N0010 G97 G99;	主轴恒转速,每转进给
N0020 S750 M03;	主轴正转,750 r/min
N0030 T0101;	换 1 号车刀,1 号刀补
N0040 G00 X0 Z5.0;	快速移动刀具定位
N0050 G01 Z0 F0.08;	直线插补,进给量 0.08 mm/r
N0060 G03 X36.0 Z – 18.0 R18.0;	精车圆弧 R18

续上表

程序	注释
N0070 G01 Z－48.0；	精车外圆 φ36×30
N0080 X48.0；	精车端面
N0090 Z－68.0；	精车外圆 φ48×20
N0100 G00 X50.0；	快速移动刀具定位
N0110 X150.0 Z150.0；	快速移动刀具定位
N0120 M05；	停主轴
N0130 M30；	程序结束

拓展训练　凹弧面轴零件车削编程与操作

训练任务书　某单位现准备加工如图1－21所示凹圆弧零件。该件已完成粗加工，单边留有0.3 mm加工余量。

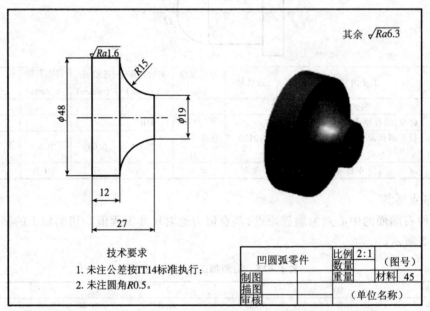

图1－21　凹圆弧零件

①任务要求：学生以小组为单位制定该零件数控车削工艺并编制该零件的精加工程序。

②学习目标：进一步掌握数控程序的编制方法及步骤，学习G02/G03等基本编程指令的应用。

复习与思考题

一、填空题

1. CNC 是指_____。

2. 数控机床按机床运动轨迹分类分为_____、_____和_____。

3. 数控编程的步骤有_____、_____、_____、_____。

4. 数控车床的标准坐标系采用_____坐标系。其中坐标轴移动的正方向是

_____远离_____的方向。

5. 一个完整的程序由_____、_____和_____组成。

6. 数控程序的编制方法有_____和_____两大类。

7. 常用的数控插补方法有_____、_____。

二、选择题

1. 数控车床的 Z 坐标为（　　）。

A. 水平向左　　　　B. 向前　　　　　C. 向后　　　　　D. 从主轴轴线指向刀架

2. 程序编制中首件试切的作用是（　　）。

A. 检验零件图样的正确性

B. 检验零件工艺方案的正确性

C. 检验程序单或控制介质的正确性，并检查是否满足加工精度要求

D. 仅检验数控穿孔带的正确性

3. 数控编程时，应首先设定（　　）。

A. 机床原点　　　B. 固定参考点　　　C. 机床坐标系　　　D. 工件坐标系

4. 辅助功能指令 M03 代表（　　）。

A. 主轴顺时针旋转　　B. 主轴逆时针旋转　　C. 主轴停止　　　D. 主轴起动

5. 编写圆弧插补程序时，若采用圆弧半径 R 编程时，当加工圆弧的圆心角（　　）时，用正 R 表示圆弧半径。

A. 大于或等于180°　B. 小于或等于180°　C. 小于180°　　D. 大于180°

6. 在数控加工时，确定加工顺序的原则是（　　）。

A. 先粗后精的原则　　B. 先近后远的原则　　C. 内外交叉的原则　　D. 以上都对

7. 数控机床有不同的运动形式，需要考虑工件与刀具相对运动关系及坐标方向，编写程序时，采用（　　）的原则编写程序。

A. 刀具固定不动，工件移动

B. 工件固定不动，刀具移动

C. 铣削加工刀具固定不动，工件移动；车削加工刀具移动，工件不动

D. 分析机床运动关系后再根据实际情况

项目2　轴套类零件车削编程与操作

本章要点

➢ 数控车床的加工程序编制方法。

➢ 数控车床循环指令。

➢ 数控车床加工工艺。

技能目标

➢ 能够熟练地制定轴套类零件数控加工工艺并能正确编制数控加工程序。

➢ 能够熟练应用 G50、G54～59、G41/G42/G40、G90/G94、复合固定循环 G71/G72/G73/
G70 等编程指令。

➢ 能够熟练操作数控车床,进行对刀,程序输入、导入等操作。

任务1　轴类零件车削编程与操作

项目任务书

某单位准备加工如图 2-1 所示阶梯轴零件。提供 $\phi55$ mm 的圆钢。

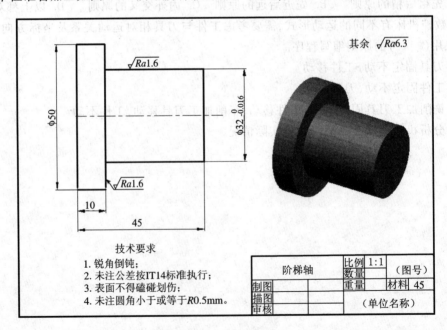

技术要求

1. 锐角倒钝;
2. 未注公差按IT14标准执行;
3. 表面不得磕碰划伤;
4. 未注圆角小于或等于R0.5mm。

阶梯轴		比例 1:1	(图号)
		数量	
制图		重量	材料 45
描图			(单位名称)
审核			

图 2-1　阶梯轴工程图

①任务要求:制定该零件数控车削工艺并编制该零件的粗加工程序。

②学习目标:掌握数控程序的编制方法及步骤,学习 G90/G94 等基本编程指令的应用。

任务解析

如图 2 – 1 所示阶梯轴零件,表面要加工,$\phi 32$ 外圆加工精度较高。

①零件毛坯尺寸为 $\phi 55 \times 100$,轴心线为工艺基准,用三爪自定心卡盘夹持 $\phi 55$ 外圆,使工件伸出卡盘 60 mm,一次装夹完成粗、精加工。

②加工顺序。本工序从右到左精车端面及外圆,达到尺寸及精度要求。

③基点计算按标注尺寸的平均值计算。

知识准备

一、零点偏置

1. 工件坐标系设定指令 G50

(1)指令格式

G50 X_ Z_;

其中　X、Z——起刀点刀尖(刀位点)相对于加工原点的绝对坐标值。

(2)说明

①规定刀具起刀点(或换刀点)至工件原点的距离。

②在进行数控车床编程时,所有的 X 坐标值均使用直径值,如图 2 – 2 所示,设置工件坐标系的程序段如下:

G50 X300.0 Z100.0;

执行该程序段后,系统内部即对(X300.0　Z100.0)进行记忆,并显示在显示器上,这就相当于在系统内部建立了一个以工件原点为坐标原点的工件坐标系。

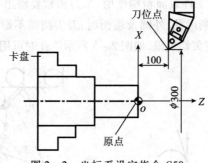

图 2 – 2　坐标系设定指令 G50

③如果想把已经建立起来的某个坐标系进行平移,则可以用 G50 U_ W_ 的格式来实现,其中 U_ 和 W_ 分别代表坐标原点在 X 轴和 Z 轴上的位移量。

　注意

　当 X、Z 值不同或改变刀具的当前位置时,所设定的工件坐标系的工件原点位置也不同。因此在执行程序段 G50 X_ Z_ 前,必须先对刀,通过调整机床,将刀尖放在程序所要求的起刀点位置上。

2. 工件坐标系选择指令 C54 ~ G59

(1)指令格式

C54 ~ G59;

（2）说明

使用 G54 ~ G59 指令可以在 6 个预设的工件坐标系中选择一个作为当前工件坐标系。这六个工件坐标系的坐标原点在机床坐标系中的坐标值称为零点偏置值。在程序运行前，从"零点偏置"界面输入。当程序运行未执行 M02 指令时，不能修改零点偏置值。

所谓零点偏置，是指工件原点相对于机床原点的偏置。在数控车床使用 G54 ~ G59 指令编程时，该程序段必须放在第一个程序段，否则执行下边的程序时，刀具会按机床坐标原点运动，从而可能会引起碰撞。

例如图 2 - 3 所示，在运行程序前，手动对刀操作确定工件原点 O 在机床坐标系的绝对坐标值，并作为 G54 指令的零点偏置输入数控系统，即：在"零点偏置"界面设置 G54 X0 Z85.0，在程序中选择工件坐标系 G54。程序段如下：N010 G54。

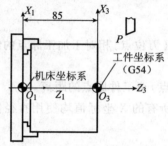

图 2 - 3　坐标系选择指令 G54 ~ G59

二、刀尖半径补偿

为了提高刀具寿命和降低工件表面粗糙度值，车刀通常要磨出一个半径很小（0.4 ~ 0.6 mm）的圆弧，如图 2 - 4 所示。在车削内孔、外圆及端面时，刀尖圆弧不影响加工尺寸和形状，但在切削锥面和圆弧时，则会造成过切或欠切现象，如图 2 - 5 所示。此时可用刀尖圆弧半径补偿功能消除。

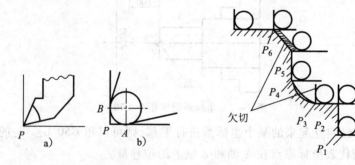

图 2 - 4　车刀的刀尖圆弧　　　　　图 2 - 5　刀尖圆弧产生的欠切现象

车刀刀尖圆弧半径补偿指令：G41 G42 G40

（1）指令格式

$$\left.\begin{matrix} G41 \\ G42 \\ G40 \end{matrix}\right\} \left\{\begin{matrix} G00 \\ G01 \end{matrix}\right\} X(U)\_Z(W)\_;$$

其中　G41——刀具半径左补偿，沿着刀具运动方向看，刀具在工件的左侧。判断方法如图 2 - 6(a) 所示。

G42——刀具半径右补偿,沿着刀具运动方向看,刀具在工件的右侧。判断方法如图 2-6(b)所示。

G40——取消刀尖半径补偿,使用该指令后,G41、G42 指令无效;刀尖轨迹与编程轨迹一致。

(a) 刀具左补偿　　　　(b) 刀具右补偿

图 2-6　刀具左右补偿

(2)说明

①G41/G42 指令须在 G00/C01 指令中使用才有效。

②G40、G41、G42 都是模态代码,可相互注销。

③G41、G42 与 G40 必须成对使用,即在程序中有了 G41 后,不能再直接使用 G42,必须先用 G40 取消原补偿状态后才能使用,否则就会出现运行错误。

④工件有锥度、圆弧时,必须在精车锥度或圆弧前一段程序段建立半径补偿,一般在切入工件时的程序段建立半径补偿。

由图 2-7 可知,刀补引入过程中,刀具在移动过程中逐渐加上补偿值,当引入后,刀具圆弧中心停留在程序设定坐标点的垂线上,距离为刀尖半径补偿值。刀补取消过程中,刀具位置在程序段中也是逐渐变化的,程序结束时,刀尖半径补偿值取消。

刀具刀尖半径补偿的过程分为三步:刀补的建立,刀具中心从编程轨迹重合过渡到与编程轨迹偏离一个偏置量的过程;刀补进行,执行有 G41 或 G42 指令的程序段后,刀具中心始终与编程轨迹相距一个偏置量;刀补的取消,刀具离开工件,刀具中心轨迹要过渡到与编程重合的过程。

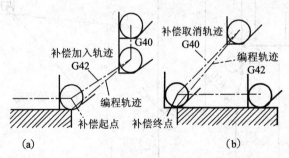

图 2-7　刀尖圆弧半径补偿的加载与卸载

⑤假想刀尖位置序号确定。刀尖圆弧半径补偿与车刀形状、刀尖位置有关。车刀形状、刀尖位置各种各样,他们决定加工时刀尖圆弧在工件的什么位置,所以刀尖圆弧半径包括刀尖圆弧半径、车刀形状和刀尖位置。车刀形状和刀尖位置共有 9 种,如图 2-8 所示。车刀形状和刀尖位置分别用参数 $L_1 \sim L_9$ 表示,并通过手工操作在参数设置方式下输入到系统中。

⑥刀尖半径补偿值的设定。刀尖半径补偿值可以通过刀具补偿设定界面设定,T 指令要与刀具补偿编号相对应,并且要输入刀尖位置序号,如图 2-9 所示。刀具补偿设定画面中,在刀具代码 T 中的补偿号对应的存储单元中,存放一组数据,除 X 轴、Z 轴的长度补偿值外,还有圆弧半径补偿值和假想刀尖位置序号(0~9),操作时,可以将每一把刀具的 4 个数据分别输入刀具补偿号对应的存储单元中,即可实现自动补偿,如图 2-9 所示的 01 号刀具的刀尖半径值为 0.8 mm,刀尖方位序号为 3。

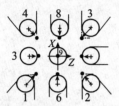

刀具补正/形状		0008		N0040
番号	X	Z	R	T
G01	211.602	115.454	0.8	3
G02	207.417	108.355	0.5	1
G03				

图 2-8　典型车刀形状和刀尖位置
　　　与参数的对应关系

图 2-9　刀具补偿设定界面

● —刀位点,+ —刀尖圆弧圆心

⑦指令刀尖半径补偿 G41 或 G42 后,刀具路径必须是单向递增或单向递减。即指令 G41 后刀具路径如向 Z 轴负方向切削,就不允许往 Z 轴正方向移动,故必须在往 Z 轴正方向移动前用 G40 取消刀尖半径补偿。

【例 2-1】　刀具按如图 2-10 所示的走刀路线进行精加工,已知进给量为 0.1 mm/r,切削线速度为 180 m/min,试建立刀尖圆弧半径补偿编程。

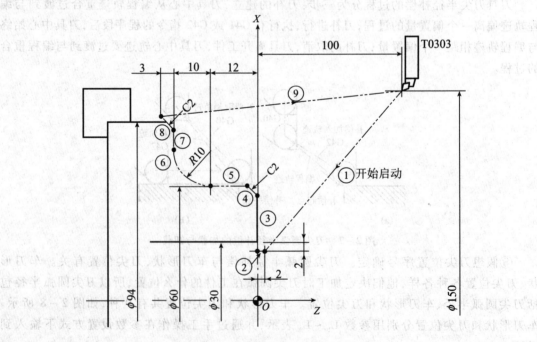

图 2-10　刀尖圆弧半径补偿应用实例

编制程序如下：

O0010

N0010 G50 X150.0 Z100.0；

N0020 G97 G99；

N0030 S750 M03；

N0040 T0303；

N0050 G00 G42 X26.0 Z2.0；　　　　（建立刀具补偿）

N0060 G01 Z0 F0.1；

N0070 X56.0；

N0080 X60.0 Z-2.0；

N0090 Z-12.0；

N0100 G02 X80.0 Z-22.0 R10.0；

N0110 G01 X90.0；

N0120 U6.0 W-3.0；

N0130 G00 G40 X150.0 Z100.0 T0300；　　　（取消刀具补偿）

N0140 M05；

N0150 M30；

三、单一固定循环切削指令 G90/G94

一个简单固定循环程序段可以完成"切入→切削→退刀→返回"这四种常见的加工顺序动作。

1. 圆柱面(圆锥面)切削循环指令 G90

圆柱面或圆锥面切削循环是一种单一固定循环,圆柱面单一固定循环如图 2-11 所示,圆锥面单一固定循环如图 2-12 所示。当工件毛坯的轴向加工余量比径向加工余量多时,使用 G90 轴向切削循环指令。

(1)指令格式

G90 X(U)_Z(W)_ R_ F_；

其中　X、Z——圆柱面切削终点坐标；

　　　　U、W——是圆柱面切削终点相对于循环起点增量坐标；

　　　　R——切削起点 B 与切削终点 C 的 X 坐标值之差(半径值)。如果切削起点 B 的向坐标小于终点 C 的 X 向坐标,R 值为负,反之为正。

(2)说明

其刀具路径如图 2-11、图 2-12 所示,当刀具在 A 点(循环起点)定位后,执行 G90 循环指令,则刀具由 A 快速定位至 B 点,再以指定的进给量切削到 C 点(切削终点),再车削到 D 点,最后快速定位回到 A 点完成一个循环切削。

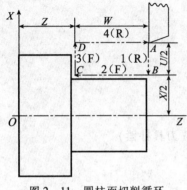

图 2 – 11　圆柱面切削循环

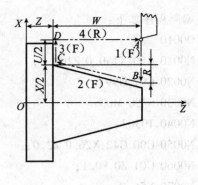

图 2 – 12　圆锥面切削循环

【例 2 – 2】　如图 2 – 13 所示,用 G90 指令编程,毛坯直径 $\phi34$,工件直径 $\phi24$,分三次车削。用绝对值编程。

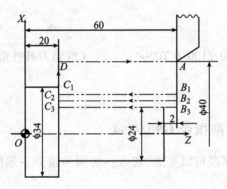

图 2 – 13　G90 指令编程实例

加工程序如下:

```
O0020
N0010 G97 G99 G54;
N0020 M03 S500;
N0030 G00 X40.0 Z60.0;
N0040 G90 X30.0 Z20.0 F0.3;
N0050 X27.0;
N0060 X24.0;
N0070 M05;
N0080 M30;
```

2. 端平面(端锥面)切削循环 G94

径向切削循环是一种单一固定循环。当工件毛坯的轴向加工余量比径向加工余量多时,使用 G90 轴向切削循环指令。

(1)指令格式

G94 X(U)_Z(W)_R_ F_;

其中　X、Z——圆柱面切削终点坐标;

　　　　U、W——是圆柱面切削终点相对于循环起点增量坐标;

R——切削起点相对于切削终点在 Z 轴方向的坐标向量。如果切削起点的 Z 向坐标小于终点的 Z 向坐标时 R 为负,反之为正。如图 2 – 15 所示。

（2）说明

其刀具路径如图 2 – 14、图 2 – 15 所示,当刀具在 A 点（循环起点）定位后,执行 G94 循环指令,则刀具由 A 快速定位至 B 点,再以指定的进给量切削到 C 点（切削终点）,再车削到 D 点,最后快速定位回到 A 点完成一个循环切削。

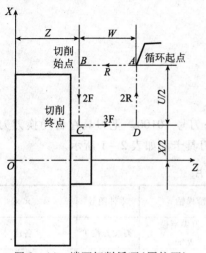

图 2 – 14 端面切削循环（圆柱面）

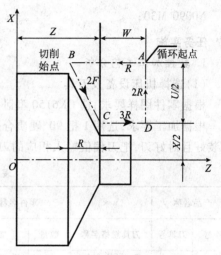

图 2 – 15 端面切削循环（圆锥面）

【例 2 – 3】 在数控车床上加工如图 2 – 16 所示的盘类零件,每次吃刀 2 mm,每次切削起点位距工件外圆面 5 mm。试用锥端面切削单一循环指令编写其粗加工程序（保留精加工余量 0.5 mm）。

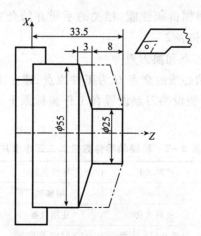

图 2 – 16 端面车削循环实例

程序如下：

```
O0030
N0010 G97 G99 G54;
N0020 M03 S500;
```

N0030 G00 X60.0 Z40.0;

N0040 G94 X25.5 Z31.5.0 R － 3.0 F0.3;

N0050 Z29.5;

N0060 Z27.5;

N0070 Z26.0;

N0080 M05;

N0090 M30;

任务实施

1. 数控加工工艺分析

(1)选择机床设备及刀具

根据零件图样要求,选 CK6150 型卧式数控车床。

根据加工要求,选用 1 把 90°硬质合金外圆车刀;刀号 T0100。把刀具在自动换刀刀架上安装好且对好刀,把刀偏值输入相应的刀具参数中,刀具卡片如表 2 - 1 所示。

表 2 - 1　刀具卡片

产品名称	××		零件名称		阶梯轴	零件图号	××
序号	刀具号	刀具规格名称	数量	加工表面	刀尖半径 R/mm	刀尖方位 T	备注
1	T0100	90°硬质合金外圆车刀	1	粗、精车端面及 φ50、φ32 外圆	0.2	3	
编制	××	审核	××	批准	××	共 页	第 页

(2)确定切削用量

切削用量的具体数值应根据机床性能、相关的手册并结合实际经验用类比方法确定,切削用量推荐值可参见表 1-8 和表 2-2。

(3)确定工件坐标系、对刀点和换刀点

确定以工件的右端面与轴心线的交点 O 为工件原点,建立工件坐标系。采用手动试切对刀方法,把点 O 作为对刀点。假设换刀点设置在工件坐标系下 X100、Z100 处,数控加工工序卡如表 2-2 所示。

表 2 - 2　阶梯轴零件数控加工工序卡片

单位名称	××	产品名称	零件名称	零件图号
		××	阶梯轴	××
工序号	程序编号	夹具名称	使用设备	车间
×××	O0040	三爪自定心卡盘	CK6150 数控车	数控实训车间

工序简图：

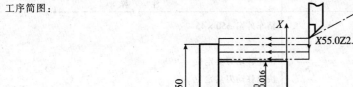

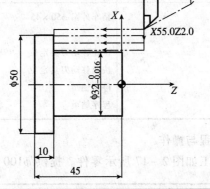

工步号	工步内容	刀具号	刀具规格 mm	主轴转速 $n/(r/min)$	进给量 $f/(mm/r)$	背吃刀量 a_p/mm	备注
1	装夹						手动
2	对刀,编程原点工件右端面			500			手动
3	车端面	T 0100	90°硬质合金外圆车刀	500	0.08	0.25	自动
4	粗车 $\phi50$、$\phi32$ 外圆达尺寸及精度要求			750	0.2	3	自动
5	精车 $\phi50$、$\phi32$ 外圆达尺寸及精度要求			1 000	0.08	0.25	自动
编制	××	审核	××	批准 ××	年 月 日	共1页	第1页

（4）基点运算

以工件右端面的中心点为编程原点,采用绝对尺寸编程,基点值按零件标注的平均值计算。

2. 程序编制

阶梯轴零件粗、精加工程序编制清单如表 2 - 3 所示。

表 2 - 3   阶梯轴零件粗、精加工程序编制清单

程 序	注 释
O0040	程序名
N0010 G97 G99;	主轴恒转速,每转进给
N0020 S500 M03;	主轴正转,500 r/min
N0030 T0101;	换1号车刀,1号刀补
N0040 G00 X55.0 Z0.0;	快速移动刀具定位
N0050 G01 X - 0.1 F0.3;	粗车端面,进给量 0.3 mm/r
N0060 G00 Z2.0;	
N0070 X55.0;	
N0080 G90 X50.5 Z50.0 F0.3;	粗车外圆 $\phi50 \times 45$
N0090 X44.0 Z - 35.0 ;	
N0100 X38.0;	
N0110 X32.5;	粗车外圆 $\phi32 \times 35$
N0120 S750;	精车外圆 $\phi32 \times 35$
N0130 G01 X31.992 F0.08;	
N0140 Z - 35.0 ;	

续上表

程　序	注　释
N0150 X50.0;	精车外圆 $\phi50 \times 45$
N0160 Z – 45.0;	
N0170 G00 X55.0;	快速移动刀具定位
N0180 X100.0 Z100.0;	快速移动刀具定位
N0190 M05;	停主轴
N0200 M30;	程序结束

拓展训练　盘盖零件车削编程与操作

训练任务书　某单位准备加工如图 2 – 17 所示零件。提供 $\phi100$ mm 的圆钢。

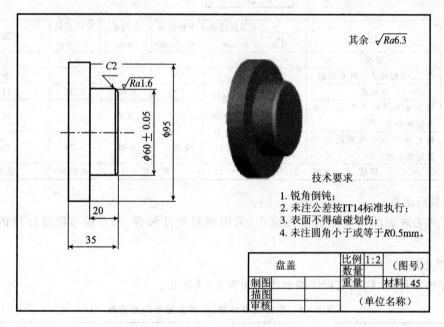

图 2 – 17　盘盖工程图

①任务要求:学生以小组为单位制定该零件数控车削工艺并编制该零件的粗、精加工程序。

②学习目标:进一步掌握数控程序的编制方法及步骤,学习 G90/G94 等基本编程指令的应用。

任务2　阶梯轴零件车削编程与操作

项目任务书

某单位准备加工如图 2 – 18 所示零件。提供 $\phi35$ mm 的圆钢。

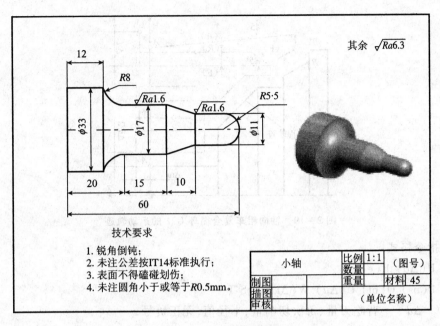

图 2-18　小轴工程图

①任务要求:制定该零件数控车削工艺并编制该零件的加工程序。

②学习目标:掌握数控程序的编制方法及步骤,学习 G70/G71 等基本编程指令的应用。

任务解析

零件图样如图所示,选择毛坯为 φ35 × 110 mm 的 45 钢。

①加工内容:此零件加工包括车端面、外圆、锥面、圆弧。

②工件坐标系:该零件加工不需调头,可将工件原点定于零件装夹后的右端面。

知识准备

当工件的形状较复杂,如有台阶、锥度、圆弧等,若使用基本切削指令或循环切削指令,粗车时为了考虑精车余量,在计算粗车的坐标点时,可能会很繁杂。如果使用复合固定循环指令,只需依指令格式设定粗车时每次的切削深度、精车余量、进给量等参数,在接下来的程序段中给出精车时的加工路径,则 CNC 控制器即可自动计算出粗车的刀具路径,自动进行粗加工,因此在编制程序时可节省很多时间。

使用粗加工固定循环 G71、G72、G73 指令后,必须使用 G70 指令进行精车,使工件达到所要求的尺寸精度和表面粗糙度。

一、轴向粗车复合循环 G71

该指令适用于圆棒料毛坯粗车阶梯轴,或圆筒毛坯料粗车内径,需要多次走刀才能完成的粗加工,图 2-19 所示为轴向粗车复合循环 G71 的运动轨迹。

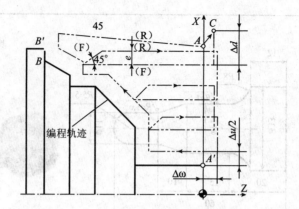

图 2 - 19　轴向粗车复合循环 G71 的运动轨迹

（1）指令格式

G71 U(Δd) R(e) ;

G71 P(ns) Q(nf) U(Δu) W(Δw) F S T ;

其中　Δd——背吃刀量、每次切削量，半径值，无正负号；

　　　　e——每次退刀量，半径值，无正负；

　　　ns——精加工路线中第一个程序段（即图中 AA′段）的顺序号；

　　　nf——精加工路线中最后一个程序段（即图中 BB′段）的顺序号；

　　　Δu——X 方向精加工余量，直径编程时为 Δu，半径编程为 Δu/2；

　　　Δw——Z 方向精加工余量。

（2）说明

①G71 程序段本身不进行精加工，粗加工是按后续程序段 ns ~ nf 给定的精加工编程轨迹 A→A′→B→B′，沿平行于 Z 轴方向进行。

②G71 程序段不能省略除 F、S、T 以外的地址符。G71 程序段中的 F、S、T 只在循环时有效，精加工时处于 ns 到 nf 程序段之间的 F、S、T 有效。

③循环中的第一个程序段（即 ns 段）必须包含 G00 或 G01 指令，即 A→A′的动作必须是直线或点定位运动，但不能有 Z 轴方向上的移动。

④ns 到 nf 程序段中，不能包含有子程序。

⑤G71 循环时可以进行刀具位置补偿，但不能进行刀尖半径补偿。因此在 G71 指令前必须用 G40 取消原有的刀尖半径补偿。在 ns 到 nf 程序段中可以含有 G41 或 G42 指令，对精车轨迹进行刀尖半径补偿。

【例 2 - 4】　用 FANUC - 0i 系统的数控车床车削如图 2 - 20 所示工件，粗车刀 1 号，精车刀 2 号，刀尖半径为 0.2 mm。X 轴精车余量为 0.2 mm，Z 轴精车余量为 0.05 mm。粗车的切削速度为 500 r/min，精车为 750 r/min。粗车的进给量为 0.3 mm/r，精车为 0.08 mm/r。粗车时背吃刀量为 3 mm。

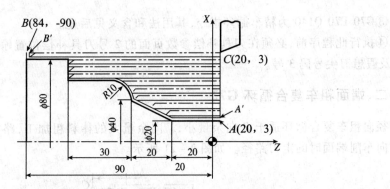

图 2-20 轴向粗车复合循环 G71 车削实例
虚线—快速定位路径;实线—切削路径;*C* 点—循环起点

程序如下:

O0050

N0010 G97 G99 G40;

N0020 M03 S500;

N0030 T0101 M08;

N0040 G00 X84.0 Z3.0;

N0050 G71 U3.0 R1.0;

N0060 G71 P0070 Q0140 U0.2 W0.05 F0.3;

N0070 G00 G42 X20.0;

N0080 G01 Z-20.0 F0.08 S800;

N0090 X40.0 W-20.0;

N0100 G03 X60.0 W-10.0 R10.0;

N0110 G01 W-20.0;

N0120 X80.0;

N0130 Z-90.0;

N0140 G40 X84.0;

N0150 G00 X150.0 Z150.0 T0100;

N0160 T0202;

N0170 X84.0 Z3.0;

N0180 G70 P0070 Q0140;

N0190 G00 X150.0 Z150.0 T0200;

N0200 M09;

N0210 M05;

N0220 M30;

程序说明如下:

①精车开始程序段必须由循环起点到进刀点,且没有 Z 轴方向移动指令。

②必须用 G40 指令在 N0140 程序段取消刀尖半径补偿,否则会发生补偿错误信息。而且此程序段的 X 坐标值(84)减去上个程序段的 X 坐标值(80),必须大于两倍精车刀刀尖的半径,否则会发生补偿错误信息。

③G70 P70 Q140 为精车循环指令,其用法和含义见后述。

④执行此程序前,必须在刀具补偿参数页面的 2 号刀具补偿位置输入刀尖半径值补偿值 0.2 及假想刀尖号码 3 号。

二、端面粗车复合循环 G72

径向粗车复合循环适于 Z 向余量小,X 向余量大的棒料粗加工,路径为从外径方向往轴心方向车削端面时的走刀路径。如图 2 - 21 所示。

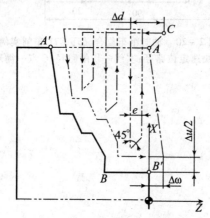

图 2 - 21　端面粗车复合循环 G72 的运动轨迹

(1)指令格式

G72 U(Δd) R(e) ;

G72 P(ns) Q(nf) U(Δu) W(Δw) F S T;

(2)说明

G72 指令与 G71 指令的区别仅在于切削方向平行于 X 轴,在 ns 程序段中不能有 X 方向的移动指令,其他相同。

【例 2 - 5】　车削如图 2 - 22 所示工件,工艺设计规定:粗车时背吃刀量为 2 mm,进给速度 0.3 mm/r,主轴转速 500 r/min,精车时,进给量 0.08 mm/r,主轴转速 800 r/min,精加工余量为 0.1 mm(X 向),0.05 mm(Z 向)运用端面粗加工循环指令编程。

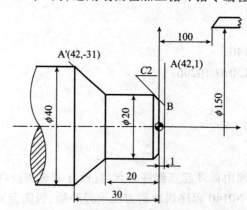

图 2 - 22　端面粗车复合循环 G72 车削实例

程序如下：

O0060

N0010 G97 G99 G40；

N0020 M03 S500；

N0030 T0101 M08；

N0040 G00 X42.0 Z1.0；

N0050 G72 U2.0R1.0；

N0060 G72 P0070 Q0100 U0.1 W0.05 F0.3；

N0070 G00 X42.0 Z-31.0；

N0080 G01 X20.0 Z-20.0 F0.08 S800；

N0090 Z-2.0；

N0100 X14.0 Z1.0；

N0110 G00 X150.0 Z100.0；

N0120 T0202；

N0130 G00 X42.0 Z1.0；

N0140 G70 P0070 Q0100；

N0150 G00 X150.0 Z100.0 T0200；

N0160 M09；

N0170 M05；

N0180 M30；

三、仿形粗车复合循环 G73

该指令适用于毛坯轮廓形状与零件轮廓形状基本接近时的粗车加工,例如,铸造、锻造毛坯或半成品的粗车,对零件轮廓的单调性没有要求,这种循环方式的走刀路线如图 2 – 23 所示。

(1)指令格式

G73 U(Δi) W(Δk)R(d) ;

G73 P(ns) Q(nf) U(Δu) W(Δw) F S T ;

其中 Δi——X 轴方向粗车的总退刀量,半径值；

　　　 Δk——Z 轴方向粗车的总退刀量；

　　　 　d——粗车循环次数。

(2)说明

其余同 G71。在 ns 程序段可以有 X、Z 方向的移动。

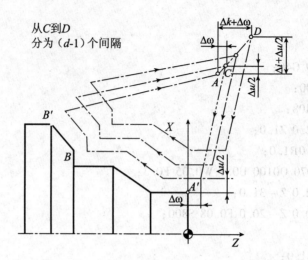

从C到D
分为（d-1）个间隔

图 2-23　仿型粗车复合循环 G73 的运动轨迹

【例 2-6】　车削如图 2-24 所示工件,工艺设计规定:粗车时 X 轴上的总退刀量为 9.5 mm,重复加工三次,进给量 0.3 mm/r,主轴转速 500 r/min,精加工余量为 1.0 mm(X 向),0.5 mm(Z 向),进给量 0.08 mm/r,主轴转速 800 r/min,运用仿形粗加工循环指令编程。

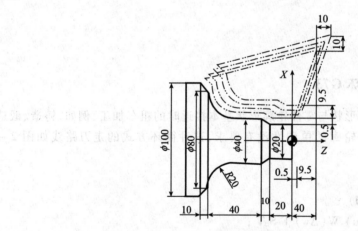

图 2-24　仿形粗车复合循环 G73 实例

程序如下:

O00070

N0010 G97 G99;

N0020 T0101;

N0030 M03 S500;

N0040 G00 X140.0 Z40.0;

N0050 G73 U9.5 W9.5 R3.0;

N0060 G73 P0070 Q0130 U1.0 W0.5 F0.3;

N0070 G00 X20.0 Z0;

N0080　G01　Z－20.0　F0.08　S800；

N0090　X40.0　Z－30.0；

N0100　Z－50.0；

N0110　G02　X80.0　Z－70.0　R20.0；

N0120　G01　X100.0　Z－80.0；

N0130　X105.0；

N0140　G00　X150.0　Z100.0；

N0150　T0202；　　　　　　　　　　（换精车车刀）

N0160　G00　X140.0　Z40.0；

N0170　G70　P070　Q0130；　　　　　（精车加工）

N0180　G00　X150.0　Z100.0　T0200；

N0190　M05；

N0200　M30；

四、精车复合循环 G70

该指令适用于 G71、G72、G73 粗车毛坯后，精车零件。

指令格式：G70P(ns)　Q(nf)；

其中　　ns——精加工路线中第一个程序段（即图中 *AA'* 段）的顺序号；

　　　　nf——精加工路线中最后一个程序段（即图中 *BB'* 段）的顺序号。

如例【2－6】中车削工件，精车程序为 G70　P70　Q130；

🎯 注意

当执行 G70、G71、G72、G73 指令时，由 P 和 Q 指定的顺序号不应在同一程序中指定两次以上。

在 P 和 Q 指定的顺序号之间的程序段中，不能指定如下指令。

①除 G00、G01、G02 和 G03 外的所有 01 组 G 代码；

②06 组 G 代码；

③M98、M99。

任务实施

1. 数控加工工艺分析

（1）工艺处理

根据零件图样要求，选 CK6150 型卧式数控车床。

①装夹定位方式：使用三爪卡盘夹持。

②换刀点：换刀点为（100，100）。

③刀具的选择和切削用量的确定。

根据加工要求，需要用 3 把刀，第 1 把 90°硬质合金外圆车刀，刀号 T0100；第 2 把精车车刀，刀号 T0200；第 3 把切断刀，刀号 T0300。把刀具在自动换刀刀架上安装好且对好刀，把它们的刀偏值输入相应的刀具参数中，刀具卡片如表 2－4 所示。

表 2 – 4　刀具卡片

产品名称	× ×		零件名称		小轴	零件图号	× ×
序号	刀具号	刀具规格名称	数量	加工表面	刀尖半径 R/mm	刀尖方位 T	备注
1	T0100	90°硬质合金外圆车刀	1	工件右端 $\phi11$、$\phi17$、$\phi29$、$R8.0$ 及 $R5.5$ 的粗加工	0.2	3	
2	T0200	93°硬质合金外圆车刀	1	工件右端 $\phi11$、$\phi17$、$\phi29$、$R8.0$ 及 $R5.5$ 的精加工	0.2	3	
3	T0300	切断刀（刃宽 4 mm）	1	切断	0.2	8	
编制	× ×	审核	× ×	批准	× ×	共　页	第　页

（2）确定切削用量

切削用量的具体数值应根据机床性能、相关的手册并结合实际经验用类比方法确定。外圆粗车时，主轴转速 500 r/min，进给量 0.3 mm/r；外圆精车时，主轴转速 800 r/min，进给量 0.08 mm/r；切断时，主轴转速 300 r/min，进给量 0.1 mm/r。数控加工工序卡如表 2 – 5 所示。

表 2 – 5　模柄零件数控加工工序卡片

单位名称	× ×	产品名称	零件名称	零件图号
		× ×	模柄	× ×
工序号	程序编号	夹具名称	使用设备	车间
× × ×	00080	三爪自定心卡盘	CK6150 数控车	数控实训车间

工序简图：

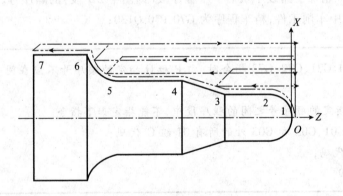

工步号	工步内容	刀具号	刀具规格 mm	主轴转速 n/(r/min)	进给量 f/(mm/r)	背吃刀量 a_p/mm	备注
1	装夹						手动
2	对刀，编程原点工件右端面			450			手动
3	工件右端 $\phi11$、$\phi17$、$\phi29$、$R8.0$ 及 $R5.5$ 的粗加工	T0100	90°硬质合金外圆车刀	500	0.3	2	自动
4	工件右端 $\phi11$、$\phi17$、$\phi29$、$R8.0$ 及 $R5.5$ 的精加工	T0200	93°硬质合金外圆车刀	800	0.08	0.1	自动
5	切断	T0300	切断刀（刃宽 4 mm）	300	0.1		自动
编制	× ×	审核	× ×	批准	× ×	年 月 日　共 1 页	第 1 页

（3）基点运算

以工件右端面的中心点为编程原点，采用绝对尺寸编程，基点值按零件标注的平均值计算。切削加工的基点计算值如表 2-6 所示。

表 2-6　切削加工的基点计算值

基点	1	2	3	4	5	6	7
X	0	11	11	17	17	33	33
Z	0	-5.5	-15.0	-25.0	-40.0	-48.0	-60.0

2. 程序编制

小轴零件粗、精加工程序编制清单如表 2-7 所示。

表 2-7　小轴零件粗、精加工程序编制清单

程　序	注　释
O0080	
N0010 G97 G99 G40;	
N0020 M03 S500;	粗加工
N0030 T0101;	调用 1 号刀及刀补
N0040 G00 X40.0 Z5.0 M08;	
N0050 G71 U2.0 R1.0;	
N0060 G71 P0070 Q0150 U0.2 W0.1 F0.3;	
N0070 G00 G42 X0;	
N0080 G01 Z0 F0.08 S800;	
N0090 G03 X11.0 Z-5.5 R5.5;	
N0100 G01 Z-15.0;	
N0110 X17.0 W-10.0;	
N0120 W-15.0;	
N0130 G02 X29.0 W-8.0 R8.0;	
N0140 G01 W-12.0;	
N0150 G40 X40.0;	
N0160 G00 X100.0 Z100.0;	
N0170 T0202;	调用 2 号刀及刀补
N0180 G00 X40.0 Z5.0;	
N0190 G70 P0070 Q0150;	精加工
N0200 G00 X100.0 Z100.0;	
N0210 T0303 S300;	调用 3 号刀及刀补
N0220 G00 X40.0 Z-64.0;	
N0230 G01 X-0.1 F0.1;	切断工件
N0240 X40.0 M09;	
N0250 G00 X100.0 Z100.0;	
N0260 M05;	
N0270 M30;	

拓展训练　阶梯轴零件车削编程与操作

训练任务书一　某单位准备加工如图 2-25 所示零件，提供 $\phi 25$ mm 的圆钢。

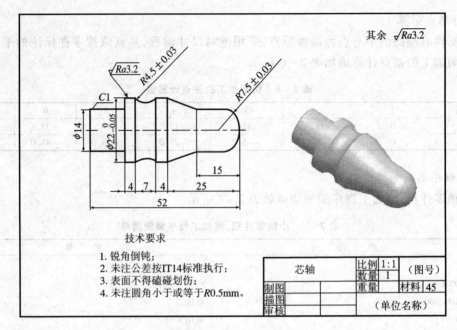

图 2-25 芯轴零件工程图

①任务要求:学生以小组为单位制定该零件数控车削工艺并编制该零件的加工程序。

②学习目标:进一步掌握数控程序的编制方法及步骤,学习 G70/G71/G72/G73 等基本编程指令的应用。

训练任务书二 某单位现准备加工如图 2-26 所示零件,毛坯为锻件,加工余量为 8 mm。

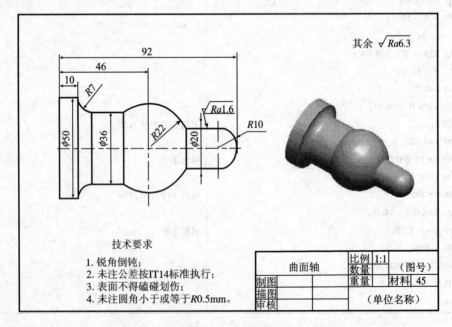

图 2-26 曲面轴零件

①任务要求:学生以小组为单位制定该零件数控车削工艺并编制该零件的加工程序。

②学习目标:进一步掌握数控程序的编制方法及步骤,学习 G70/G71/G72/G73 等基本编程指令的应用。

任务3　套类零件车削编程与操作

🔩 项目任务书

某单位准备加工如图 2 - 27 所示零件,毛坯为 $\phi45 \times 35$ mm 的圆钢。

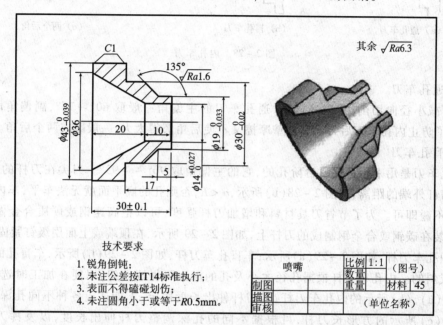

图 2 - 27　喷嘴零件图

①任务要求:制定该零件数控车削工艺并编制该零件的加工程序。

②学习目标:进一步掌握数控程序的编制方法及步骤,学习基本编程指令的应用。

🛠 任务解析

零件图样如图 2 - 27 所示,选择毛坯为 $\phi45 \times 35$ mm 的 45 钢。

①加工内容:此零件加工包括车端面、外圆、倒角、锥面、圆弧、内圆柱面、内圆锥面等。

②工件坐标系:该零件加工需调头,从图纸上分析应设置两个工件坐标系,两个工件原点均定于零件装夹后的右端面。

🐞 知识准备

孔加工在金属切削中占有很大的比重,应用广泛。孔加工方法很多,在车床上常用方法有点孔、钻孔、扩孔、铰孔、镗孔等,所用工具有中心钻、麻花钻、扩孔钻、通用车刀,盲孔车刀、镗孔车工。

一、内孔加工刀具

根据不同的加工情况,内孔车刀可分为通孔车刀[如图 2 - 28(a)]和盲孔车刀[如图 2 - 28(b)]所示。

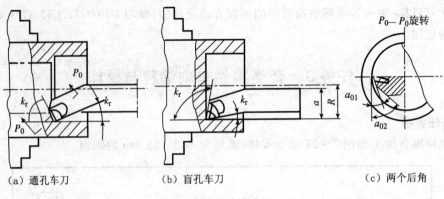

(a) 通孔车刀   (b) 盲孔车刀   (c) 两个后角

图 2 - 28   内孔车刀

（1）通孔车刀

为了减小径向切削力,防止震动,通孔车刀的主偏角一般取 60° ~ 75°,副偏角取 15° ~ 30°。为了防止内孔车刀后刀面和孔壁摩擦又不使后角磨得太大,一般磨成两个后角。

（2）盲孔车刀

盲孔车刀是用来车盲孔或台阶孔的,它的主偏角取 90° ~ - 93°。刀尖在刀杆的最前端,刀尖与刀杆外端的距离,如图 2 - 28(b)所示,$a < R$,否则孔的底平面就无法车平,车内孔台阶时,只要不碰即可。为了节省刀具材料和增加刀杆强度,可以把高速钢或硬质合金做成很小的刀头,装在碳钢或合金钢制成的刀杆上,如图 2 - 29 所示,在顶端或上面用级钉紧固。

车通孔车刀杆,如图 2 - 29(a)所示;车盲孔车刀杆,如图 2 - 29(b)所示,车盲孔的刀杆方孔应做成斜的。内孔车刀杆根据孔径大小及孔的深浅可做成几组,以便在加工时选择使用。图 2 - 29(a)、(b)所示的内孔车刀杆,其刀杆伸出长度固定,不能适应各种不同孔深的工件。图 2 - 29(c)所示的方形长刀杆,可根据不同的孔深调整刀杆伸出长度,以发挥刀杆的最大刚性。

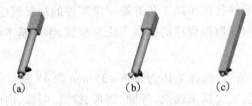

(a)   (b)   (c)

图 2 - 29   内孔车刀刀杆

二、内孔加工工艺

车内孔是常用的孔加工方法之一,可用作粗加工,也可用作精加工。车内孔精度一般可达 IT7 ~ IT8,表面粗糙度 Ra 为 1. 6 ~ 3. 2 μm。

为了增加车削刚性,防止产生振动,要尽量选择较粗的刀杆,装夹时刀杆伸出长度尽可能短,只要略大于孔深即可。刀尖要对准工件中心,刀杆与轴心线平行。为了确保安全,可在车内孔前,先用内孔刀在孔内试走一遍。精车内孔时,应保持刀刃锋利,否则容易产生让刀,把孔车成锥形。

内孔加工过程中,主要是控制切屑流出方向来解决排屑问题。精车内孔时要求切屑流向待加工表面(前排屑),前排屑主要是采用正刃倾角内孔车刀。

三、内孔测量工具及应用

孔径尺寸精度要求较低时,可采用钢直尺、内卡钳或游标卡尺测量;精度要求较高时,可用内径千分尺或内径量表测量;标准孔还可以采用塞规测量。

(1)游标卡尺

游标卡尺测量孔径尺寸的测量方法如图 2-30 所示。游标卡尺测量孔径尺寸时,应注意尺身与工件端面平行,活动量四周方向摆动,找到最大位置。

(2)内径千分尺

内径千分尺的使用方法如图 2-31 所示。内径千分尺的刻度线方向和外径千分尺相反,当微分筒顺时针旋转时,活动爪向右移动,量值增大。

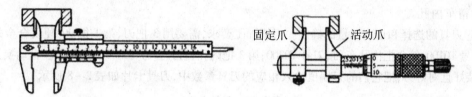

图 2-30　游标卡尺测量内孔图　　　　　图 2-31　内径千分尺测量内孔图

(3)内径百分表

内径百分表是将百分表装夹在侧架上构成。测量前先根据被测工件孔径大小更换固定测量头,用千分尺将内径百分表对准"零"位。方法如图 2-32 所示,摇动百分表取最小值为孔径的实际尺寸。

(4)塞规

塞规由通端和止端组成,如图 2-33 所示通端按孔的最小极限尺寸制成,测量时应塞入孔内,止端按孔的最大极限尺寸制成,测量时不允许插孔内。当通端能塞入孔内,而止端插不进去时,说明该孔尺寸合格。

用塞规测量孔径时,应保持孔壁清洁,塞规不清洁,以防造成孔小的错觉,把孔径车大。相反,在孔径小的时候,不能用塞规硬塞,更不能用力敲击。从孔内取出塞规时,要防止与内孔刀碰撞。孔径温度较高时,不能用塞规立即测量,以防工件冷缩把塞规"咬住"。

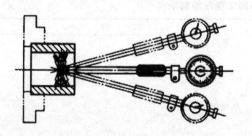

图 2-32　内径百分表测量内孔

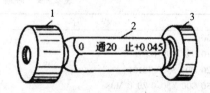

图 2-33　塞规

1—通滞;2—止端;3—连接杆

任务实施

1. 数控加工工艺分析

(1)工艺处理

根据零件图样要求,选 CK6150 型卧式数控车床。

①装夹定位方式。此工件不能一次装夹完成加工,必须分两次装夹。使用三爪卡盘夹持。第 1 次装夹完成钻通孔及工件右端 φ19、φ30、倒角及圆锥面的粗、精加工。第 2 次掉头后装夹 φ30 外圆,完成工件左端端面、φ43 外圆、φ36 锥孔、φ19 圆柱孔、倒角的粗加工及精加工。

②换刀点。换刀点为(100,100)。

③公差处理。尺寸公差不对称取中值。

④加工顺序。先用 φ13 钻头钻孔,去除加工余量;再用粗、精加工外形轮廓;再用内孔车刀粗、精车内孔。

⑤刀具的选择和切削用量的确定。根据加工要求,需要用 3 把刀,第 1 把 90°硬质合金外圆车刀,刀号 T0100;第 2 把内孔车刀,刀号 T0200;第 3 把内孔镗刀,刀号 T0300。把刀具在自动换刀刀架上安装好且对好刀,把它们的刀偏值输入相应的刀具参数中,刀具卡片如表 2-8 所示。

表 2-8 刀具卡片

产品名称		××		零件名称	喷嘴	零件图号	××
序号	刀具号	刀具规格名称	数量	加工表面	刀尖半径 R/mm	刀尖方位 T	备注
1	T0100	90°硬质合金外圆车刀	1	右端 φ30、φ43、倒角及圆锥面、左端端面	0.2	3	
2	T0200	内孔车刀	1	倒内倒角	0.2	6	
3	T0300	内孔镗刀	1	车内孔	0.2	6	
编制	××	审核	××	批准	××	共 页	第 页

(2)确定切削用量

切削用量的具体数值应根据机床性能、相关的手册并结合实际经验用类比方法确定。外圆粗车时,主轴转速 500 r/min,进给量 0.3 mm/r;外圆精车时,主轴转速 800 r/min,进给量 0.08 mm/r。

2. 程序编制

喷嘴零件粗、精加工程序编制清单如表 2-9 所示。

表 2-9 喷嘴零件粗、精加工程序编制清单

程 序	注 释
O0100	车零件右端
N0010 G97 G99 G21;	
N0020 M03 S500 T0101;	调用 1 号刀及刀补
N0030 G00 X50.0 Z0.0 M08;	
N0040 G01 X-0.1 F0.08;	平端面
N0050 G00 Z5.0;	
N0060 X50.0	
N0070 G73 U12.3 R6.0;	粗加工
N0080 G73 P0090 Q0150 U0.4 W0.2 F0.3;	
N0090 G00 X17.0 Z1.0;	
N0100 G01 X19.0 Z0.0 F0.08 S800;	

程　序	注　释
N0110 Z－5.0;	
N0120 X30.0 Z－10.5;	
N0130 Z－17.0;	
N0140 X41.0;	
N0150 X44.0 Z－18.5;	
N0160 G70 P0090 Q0150;	精加工
N0170 G00 X100.0 Z100.0;	
N0180 T0202 S500;	内孔倒角,调用 2 号刀及刀补
N0190 G00 X12.0 Z5.0;	
N0200 Z－1.0;	
N0210 G01 X15.0 Z0.5 F0.3;	
N0220 G00 X100.0 Z100.0;	
N0230 M09;	
N0240 M05;	
N0250 M30;	
O0110	掉头加工零件左端
N0010 G97 G99 G21;	
N0020 M03 S500 T0101;	粗加工左端外轮廓,调用 1 号刀及刀补
N0030 G01 X50.0 Z0.0 M08;	
N0040 G01 X30.0 F0.08;	平端面
N0050 G00 X50.0 Z2.0;	
N0060 G90 X43.4 Z－13.1 F0.3;	粗加工外圆
N0070 G90 X43.0 Z－13.1 F0.08;	精加工外圆
N0080 G00 X41.0;	
N0090 G01 Z0;	
N0100 X43.0 Z－1.0;	倒角
N0110 G00 X100.0 Z100.0;	
N0120 T0303;	换内孔镗刀
N0130 G00 X36.0 Z2.0;	
N0140 G01 X35.8 Z0 F0.3;	粗加工内孔
N0150 X13.8 Z－20.0;	
N0160 Z－31.0;	
N0170 X13.0	
N0180 G00 Z2.0;	
N0190 M03 S800 F0.08;	
N0200 G00 X36.0 Z2.0;	
N0210 G01 X36.0 Z0;	精加工内孔
N0220 X14.0 Z－20.0;	
N0230 Z－31.0;	
N0240 X13.0;	
N0250 G00 Z2.0;	
N0260 G00 X100.0 Z100.0;	
N0270 M09;	
N0280 M05	
N0290 M30;	

拓展训练　套类零件车削编程与操作

训练任务书一　某单位准备加工如图 2－34 所示零件。毛坯为 $\phi50 \times 45$ mm 的圆钢。

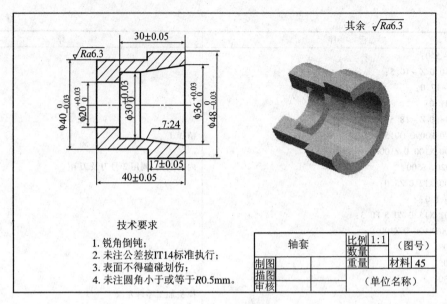

图 2 - 34　轴套零件

①任务要求:学生以小组为单位制定该零件数控车削工艺并编制该零件的加工程序。

②学习目标:进一步掌握数控程序的编制方法及步骤,学习基本编程指令的应用。

训练任务书二　某单位准备加工如图 2 - 35 所示零件。提供 $\phi 125$ mm 的圆钢。

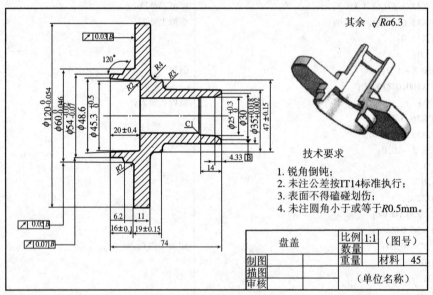

图 2 - 35　盘套零件

①任务要求:学生以小组为单位制定该零件数控车削工艺并编制该零件的加工程序。

②学习目标:进一步掌握数控程序的编制方法及步骤,学习基本编程指令的应用。

复习与思考题

一、填空题

1. 机床启动时,通常要进行＿＿＿＿＿＿＿＿操作以建立机床坐标系。

2. 加工前,通常要进行＿＿＿＿＿＿＿＿＿＿操作以建立工件坐标系。

3. 使用 G71 粗加工时,在 ns－nf 程序段中的 F、S、T 在＿＿＿＿＿＿＿＿＿＿(粗/精)加工时是有效的。

4. 粗车削应选用刀尖半径较＿＿＿＿＿＿＿＿＿＿(大/小)的车刀片。

5. "T0101"是刀具选择机能为选择＿＿＿＿＿＿＿＿＿＿号刀具和＿＿＿＿＿＿＿＿＿＿刀补。

6. G41 是指定刀具刀尖圆弧半径＿＿＿＿＿＿＿＿＿＿补偿,判定方法:沿着刀具运动方向看,刀具在工件的＿＿＿＿＿＿＿＿＿＿。取消刀尖圆弧半径补偿用＿＿＿＿＿＿＿＿＿＿指令。

7. G42 是指定刀具刀尖圆弧半径＿＿＿＿＿＿＿＿＿＿补偿,判定方法:沿着刀具运动方向看,刀具在工件的＿＿＿＿＿＿＿＿＿＿。

二、选择题

1. 用于机床开关指令的辅助功能的指令代码是(　　)。
A. F 代码　　　　　　B. M 代码　　　　　　C. T 代码　　　　　　D. G 代码

2. 数控机床主轴以 800 转/分转速正转时,其指令应是(　　)。
A. M03　S800　　　　B. M04　S800　　　　C. M05　S800

3. 以下说法错误的是(　　)。
A. 顺序号只是程序段的名称,和程序执行顺序无关
B. 模态指令是指此指令不被取消或被同样字母表示的程序指令代替前,一直有效
C. 一般机床出厂时,将公制单位设为默认状态
D. 主轴转速一般出厂设置单位为 m/min

4. 对于对刀及对刀点,以下说法错误的是(　　)。
A. 对刀点是指零件程序加工的起始点
B. 对刀操作就是要测定出程序起点处刀具刀位点相对于机床原点的坐标位置
C. 对刀点必须和程序原点重合
D. 对刀的目的是确定程序原点在机床坐标系中的位置

5. 对于工件原点,以下说法错误的是(　　)。
A. 工件原点就是工件坐标系的原点
B. 选择工件原点时,最好把工件原点放在工件图的尺寸能方便转换成坐标值地方
C. 铣床工件原点一般设在主轴中心线上
D. 车床原点一般是在主轴中心线上,即工件的左端面或右端面

6. 对于车刀圆弧半径补偿,以下说法正确的是(　　)。
A. 为了提高刀具寿命和降低工件表面粗糙度,车刀通常都有一个半径很小的圆弧
B. 在车削外圆、端面、内孔和圆弧时,刀尖圆弧会造成过切或欠切现象
C. 为了避免刀尖圆弧造成的过切或欠切现象,编程时,工件尺寸要加上刀尖圆弧半径
D. 刀具磨损或重磨后半径变小,需要修改程序

7. 以下说法错误的是(　　)。
A. G71 适合棒料毛坯除去较大余量的切削,主切削方向平行于 Z 轴
B. G72 适合棒料毛坯除去较大余量的切削,主切削方向平行于 X 轴
C. G73 适合加工铸造、锻造成型一类工件
D. G70 用于加工 X、Z 轴都有加工余量的情况

8. 应用刀具半径补偿功能时,如刀补值设置为负值,则刀具轨迹是(　　)。
A. 左补　　　　　　　　　　　　B. 右补
C. 不能补偿　　　　　　　　　　D. 左补变右补,右补变左补

项目3　螺纹零件车削编程与操作

本 章 要 点

➢ 数控车螺纹编程基本指令和循环指令及应用。
➢ 学习各种螺纹加工工艺。
➢ 学习各种螺纹测量方法。

技 能 目 标

➢ 掌握螺纹加工工艺。
➢ 掌握各种螺纹测量方法。
➢ 掌握螺纹零件的数控编程和加工方法。
➢ 能够熟练应用 G32、G92、G76 等编程指令。

任务1　螺纹零件车削编程与操作

项目任务书

某单位准备加工如图 3 - 1 所示螺钉零件。

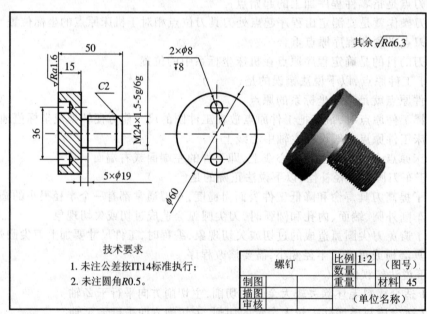

技术要求
1. 未注公差按IT14标准执行;
2. 未注圆角R0.5。

螺钉		比例	1:2	（图号）
		数量		
制图		重量	材料	45
描图				
审核			（单位名称）	

图 3 - 1　螺钉零件图

①任务要求:制定该零件数控车削工艺并编制该零件的加工程序。
②学习目标:掌握数控程序的编制方法及步骤,学习 G32/G92 等螺纹编程指令的应用。

任务解析

如图 3 - 1 所示零件,外圆和端面需要加工,$\phi60$ 和 $\phi24$ 外圆、M24 螺纹加工精度较高。

①设零件毛坯尺寸为 $\phi 65 \times 1\,000$(多件加工,采用长的棒料,成形一件切断一件),轴心线为工艺基准,用三爪自定心卡盘夹持,一次装夹完成粗、精加工。

②加工顺序。从右向左,粗精车外圆 $\phi 24$, $\phi 60$,车螺纹退刀槽,粗精车螺纹 M24,切断。

③实际车削时外螺纹圆柱面直径: $d_{实} = d - 0.1P = (24 - 0.1 \times 1.5)\,\text{mm} = 23.85\,\text{mm}$。

查表 3 - 1 确定切削用量,本任务双面切深 1.95 mm,分 4 刀加工,加工余量分别是 0.8 mm、0.6 mm、0.4 mm、0.16 mm。

🐓 **知识准备**

螺纹加工的类型包括:内外圆柱螺纹和圆锥螺纹、单头螺纹和多头螺纹、恒螺距螺纹和变螺距螺纹,数控系统提供的螺纹指令包括:单一螺纹切削指令和螺纹固定循环指令。前提条件是主轴上有位移测量系统。不同的数控系统,螺纹加工指令有差异,实际应用时按所使用的数控机床的要求进行编程。

一、单一螺纹切削指令 G32

(1)指令格式

G32 X(U)_ Z(W)_ F_;

　　其中　$X(U)$、$Z(W)$——螺纹终点坐标;

　　　　　　　　　　F——螺纹导程,即主轴每转一圈,刀具相对于工件的进给值。

(2)说明

①该指令用于车削等螺距圆柱螺纹、锥螺纹。

②G32 指令可以执行单一行程螺纹切削,车刀进给运动严格根据输入的螺纹导程进行。但是,车刀的切入、切出、返回均需编入程序。

③F 为螺纹导程。对锥螺纹其斜角 α 在 45°以下时,螺纹导程以 Z 轴方向指定;在 45°以上至 90°时,以 X 轴方向值指定。

④车削螺纹期间的进给速度倍率、主轴速度倍率无效(固定 100%)。

⑤车削螺纹时必须设置引入距离 δ_1 和超越距离 δ_2,即升速段和减速段,避免在加、减速过程中进行螺纹切削而影响螺距的稳定,如图 3 - 2 所示。

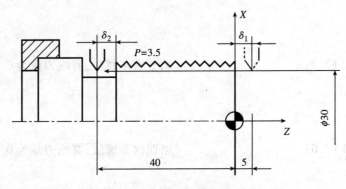

图 3-2　G32 圆柱螺纹切削

δ_1、δ_2 的数值与螺距和转速有关,由各系统分别设定。一般 $\delta_1 = 2 \sim 5$ mm, $\delta_2 = 1/2 \sim 1/3\delta_1$。如图 3 - 2 所示,$\delta_1$ 取 5 mm,螺纹加工程序为 G32 Z - 40.0 F3.5 或 G32 W - 45.0 F3.5。

⑥因受机床结构及数控系统的影响,切削螺纹时主轴转速有一定的限制。

⑦螺纹起点与螺纹终点径向尺寸的确定。螺纹加工中的编程大径应根据螺纹尺寸标注

和公差要求进行计算,并由外圆车削来保证。

⑧螺纹加工中的走刀次数和进刀量(背吃刀量)会直接影响螺纹的加工质量,车削螺纹时的走刀次数和背吃刀量可参考表3-1。

表3-1   常用公制螺纹切削的进给次数与背吃刀量

螺距/mm		1.0	1.5	2.0	2.5	3.0	3.5	4.0
牙深(半径值)		0.649	0.975	1.299	1.624	1.949	2.273	2.598
切削次数、背吃刀量(直径值)	1	0.7	0.8	0.9	1.0	1.2	1.5	1.5
	2	0.4	0.6	0.6	0.7	0.7	0.7	0.8
	3	0.2	0.4	0.6	0.6	0.6	0.6	0.6
	4	-	0.16	0.4	0.4	0.4	0.6	0.6
	5	-	-	0.1	0.4	0.4	0.4	0.4
	6	-	-	-	0.15	0.4	0.4	0.4
	7	-	-	-	-	0.2	0.2	0.4
	8	-	-	-	-	-	0.15	0.3
	9	-	-	-	-	-	-	0.2

【例3-1】 如图3-3所示为圆柱螺纹编程实例,螺纹外径已加工完成,螺距为2,牙型深度1.3 mm,分5次进给,吃刀量(直径值)分别为0.9 mm、0.6 mm、0.6 mm、0.4 mm和0.1 mm,采用绝对编程,加工程序如下:

```
        ...
G00 X58.0 Z6.0;
X47.1;
G32 Z-53.0 F2.0;              (第一次车螺纹,背吃刀量为0.9 mm)
G00 X58.0;
Z6.0;
X46.5;
G32 Z-53.0 F2.0;              (第二次车螺纹,背吃刀量为0.6 mm)
G00 X58.0;
Z6.0;
X45.9;
G32 Z-53.0 F2.0;              (第三次车螺纹,背吃刀量为0.6 mm)
G00 X58.0;
Z6.0;
X45.5;
G32 Z-53.0 F2.0;              (第四次车螺纹,背吃刀量为0.4 mm)
G00 X58.0;
Z6.0;
X45.4;
G32 Z-53.0 F2.0;              (第五次车螺纹,背吃刀量为0.1 mm)
G00 X58.0;
Z6.0;
        ...
```

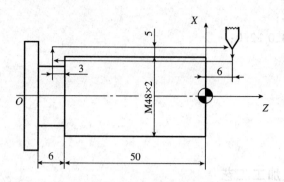

图 3 – 3　螺纹切削指令 G32 应用

二、螺纹切削固定循环指令 G92

螺纹切削循环指令 G92 把"切入—螺纹切削—退刀—返回"4 个动作作为一个循环,如图 3 – 4 所示,该指令可切削圆柱螺纹和圆锥螺纹。

(1)指令格式

圆柱螺纹:G92 X(U)_ Z(W)_ F_;

圆锥螺纹:G92 X(U)_ Z(W)_ R_F_;

其中　　X(U)、Z(W)——螺纹终点坐标;

　　　　　R ——螺纹的锥度,其值为锥螺纹切削起点与切削终点的 X 坐标值之差(半径值),其值的正负判断方法与 G90 相同;

　　　　　F ——螺纹导程。

(2)说明

该指令完成工件圆柱螺纹和锥螺纹的切削固定循环。图 3 – 4(a)为圆柱螺纹循环,图 3 – 4(b)所示为圆锥螺纹循环。刀具从循环起点开始,按 1、2、3、4 路径进行自动循环,最后又回到循环起点。R 为快速移动;F 为工作进给。

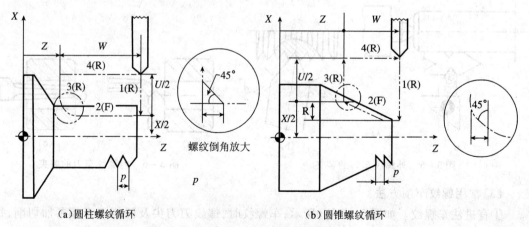

(a)圆柱螺纹循环　　　　　　　　　　　　　　(b)圆锥螺纹循环

图 3 – 4　螺纹切削循环

【例 3 – 2】　应用 G92 指令加工图 3 – 3 所示的螺纹,其加工程序如下:

```
G00 X58.0 Z,6.0;
G92 X47.1 Z－53.0 F2.0;
X46.5;
X45.9;
X45.5;
X45.4;
         …
```

三、三角形螺纹加工工艺

（1）螺纹标记及基本牙型

普通螺纹是我国应用最为广泛的一种三角形螺纹,牙型角为60°。普通螺纹分粗牙普通螺纹和细牙普通螺纹。粗牙普通螺纹螺距是标准螺距,其代号用字母"M"及公称直径表示,如 M16,M12 等。细牙普通螺纹代号用字母"M"及公称直径×螺距表示,如 M24×1.5,M27×2 等。普通螺纹有左旋和右旋之分,左旋螺纹应在螺纹标记的末尾处加注"LH",如 M20×1.5LH 等,未注明的是右旋螺纹。

（2）螺纹车刀的装夹

装夹外螺纹车刀时,刀尖位置一般应对准工件中心(可根据尾座顶尖高度检查),车刀刀尖角的对称中心线必须与工件轴线垂直,装刀时可用样板来对刀,如图 3－5(a)所示。如果把车刀装斜,就会产生牙型歪斜,如图 3－5(b)所示。刀头伸出不要过长,一般为刀杆厚度的1.5 倍左右。

装夹内螺纹车刀时,必须严格按样板找正刀尖角,如图 3－6(a)所示,刀杆伸出长度稍大于螺纹长度,刀装好后应在孔内移动刀架至终点检查是否有碰撞,如图 3－6(b)所示。

高速车螺纹时,为了防止振动和"扎刀",刀尖应略高于工件中心,一般应高 0.1～0.3 mm。

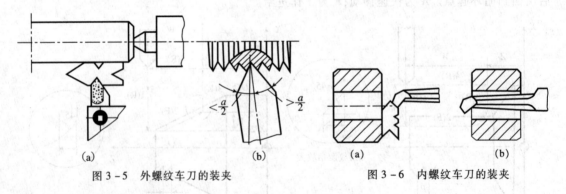

图 3－5　外螺纹车刀的装夹　　　　图 3－6　内螺纹车刀的装夹

（3）常用螺纹车削方法

①直进法车螺纹。如图 3－7(a)所示,车螺纹时,螺纹刀刀尖及两侧刀刃都参加切削,每次进刀只作径向进给,随着螺纹深度的增加,进刀量相应减小,否则容易产生"扎刀"现象。这种切削方法可以得到比较正确的牙型,适用于螺距小于 2 mm 和脆性材料的螺纹车削。

②斜进法车螺纹。如图 3－7(b)所示,车螺纹时,除了径向进给外,车刀沿走刀方向一侧作轴向微量进给,常用于粗车螺纹,适用于螺距大于 2 mm 的螺纹车削。

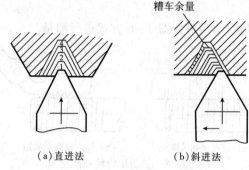

（a）直进法　　　　　（b）斜进法

图 3 - 7　车螺纹进刀方法

（4）低速车螺纹与高速车螺纹

①低速车螺纹主轴转速一般在 200 r/min 以下,选用高速钢螺纹车刀,而且分粗、精车刀。低速车削钢件时,必须加切削液,粗车用切削油或机油,精车用乳化液。

②高速车螺纹主轴转速取 200 r/min 以上,一般使用硬质合金车刀,采用直进法,切削速度较高。而且进给次数可减少 2/3 以上,生产效率大大提高。切削深度开始大一些,以后逐步减少,但最后一刀应不低于 0.1 mm。为了防止切屑拉毛牙侧,不宜采用左右切削法车螺纹。切削过程一般不加切削液。

推荐主轴转速为 $n \leqslant 1200/P - K$

式中　P——螺距(mm);

　　　　K——保险系数,一般取 80;

　　　　n——主轴转速(r/min)。

（5）车螺纹前直径尺寸的确定

车外螺纹时,由于受车刀挤压会使螺纹大径尺寸胀大,所以车螺纹前大径一般应车得比基本尺寸小 0.2 ~ 0.4 mm。

实际车削时外螺纹圆柱面直径 $d_{实} = d - 0.1\,P$;

螺纹牙高 $h = 0.65\,P$;

外螺纹实际小径 $d_{1实} = d - 1.3\,P$。

式中　$d_{实}$——车螺纹前圆柱面直径;

　　　　d——螺纹公称直径;

　　　　P——螺距。

同理,车削三角形内螺纹时,内孔直径会缩小,所以车削内螺纹前的孔径要比内螺纹小径略大些,可采用下列近似公式计算:

车削塑性金属的内螺纹孔径 $D_{孔} \approx D - P$;

车削脆性金属的内螺纹孔 $D_{孔} \approx D - 1.05\,P$。

式中　$D_{孔}$——车螺纹前的孔径;

　　　　D——内螺纹公称直径;

　　　　P——螺距。

四、螺纹测量

螺纹的主要测量参数有螺距、大径、小径和中径的尺寸。

（1）螺距的测量

对一般精度要求的螺纹,螺距可按图 3-8 方式进行测量。

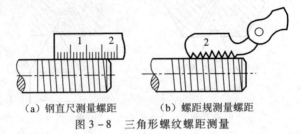

（a）钢直尺测量螺距   （b）螺距规测量螺距

图 3-8   三角形螺纹螺距测量

（2）大、小径的测量

外螺纹的大径和内螺纹的小径,公差都比较大,一般用游标卡尺或千分尺测量。

（3）中径的测量

常用的中径测量方法主要有以下几种:

①螺纹千分尺测量中径。螺纹千分尺测量中径的方法如图 3-9 所示,测量时,选择与螺纹牙型角相同的上、下两个测量头,正好卡在螺纹的牙侧上,测得的尺寸就是螺纹的中径。

②用单针测量螺纹中径。单针测量螺纹中径的方法如图 3-10 所示,测量时只需用一根量针,另一侧用螺纹大径作基准,在测量前应先量出螺纹大径的实际尺寸 d_0。单针测量时,千分尺测量的读数 A 可按 $A = (M + d_0)/2$ 计算。

③用三针法测量外螺纹中径如图 3-11 所示,测量时所用的三根圈柱形量针,是由量具厂专门制造的。在没有量针的情况下,也可用三根直径相等的优质钢丝或新的钻头柄部代替。测量时,把三根量针放置在螺纹两侧相对应的螺纹槽内,用千分尺量出两边量针顶点之间的距离 M。根据 M 值可计算出螺纹中径的实际尺寸。三针测量时,M 值和中径的计算公式见表 3-2。

图 3-9   螺纹千分尺测量螺纹中径   图 3-10   单针法测量螺纹中径

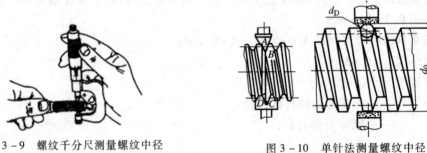

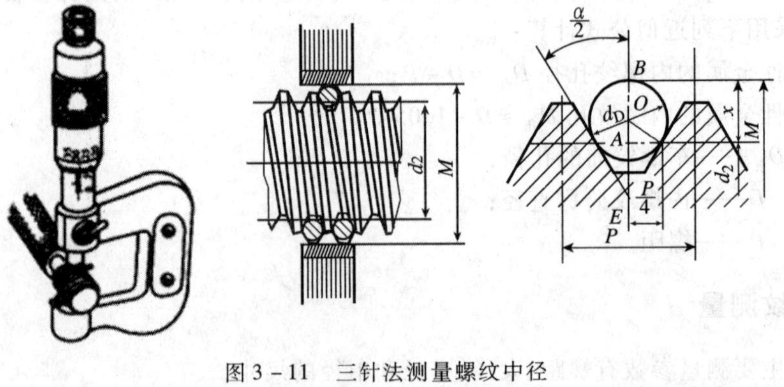

图 3-11   三针法测量螺纹中径

如图 3 - 11 所示,三针测量用的量针直径 d_D 不能太大。如果太大,则量针的横截面与螺纹牙侧不相切,无法量得中径的实际尺寸。也不能太小,如果太小,量针陷入牙槽中,其顶点低于螺纹牙顶而无法测量。最佳量针直径是指量针横截面与螺纹中径处牙侧相切时的量针直径。量针直径的最大值、最小值和最佳值可在表 3 - 2 中查出。

表 3 - 2　三针测量螺纹时的计算公式

螺纹牙型角 α	M 值计算公式	量针直径 d_D		
		最大值	最佳值	最小值
60°普通螺纹	$M = d_2 + 3d_D - 0.866P$	$1.01P$	$0.577P$	$0.505P$
55°英制螺纹	$M = d_2 + 3.166d_D - 0.961P$	$0.894P \sim 0.029$ mm	$0.564P$	$0.481P \sim 0.016$ mm
30°梯形螺纹	$M = d_2 + 4.864d_D - 1.866P$	$0.656P$	$0.518P$	$0.486P$

(4)螺纹综合测量

用螺纹量规对螺纹各主要参数进行综合性测量。螺纹量规包括螺纹塞规和螺纹环规(见图 3 - 12)。它们都分通规和止规,在使用中不能搞错。测量

(a)塞规　　(b)环规

图 3 - 12　螺纹量规

时,通规可以通过而止规不能通过,则螺纹合格。如果通规难以拧入,应对螺纹的各直径尺寸、牙型角、牙型半角和螺距等进行检查,经修正后再用量规检验。

任务实施

1. 数控加工工艺分析

(1)选择机床设备及刀具

根据零件图样要求,选 CK6150 型卧式数控车床。

根据加工要求,共选用 3 把刀具。1 号刀选用 90°硬质合金外圆车刀;2 号刀选用切槽刀(刀宽 5 mm);3 号刀选用 60°三角螺纹车刀。把刀具在自动换刀刀架上安装好且对好刀,把它们的刀偏值输入相应的刀具参数中,刀具卡片如表 3 - 3 所示。

表 3 - 3　刀具卡片

产品名称		××	零件名称		模柄		零件图号	××
序号	刀具号	刀具规格名称	数量	加工表面	刀尖半径 R/mm	刀尖方位 T	备注	
1	T0100	90°硬质合金外圆车刀	1	工件端面、$\phi24$、$\phi60$ 外圆及端面的粗、精加工	0.2	3		
2	T0200	切槽刀(刃宽 5 mm)	1	螺纹退刀槽				
3	T0300	螺纹车刀	1	M24×1.5 螺纹		8		
编制	××	审核	××	批准	××	共　页	第　页	

(2)确定切削用量

外圆粗车时,主轴转速 500 r/min,进给量 0.3 mm/r;外圆精车时,主轴转速 800 r/min,进给量 0.08 mm/r;切槽时,主轴转速 300 r/min,进给量 0.08 mm/r。切螺纹时,主轴转速 500 r/min。

(3)确定工件坐标系、对刀点和换刀点

确定以工件的右端面与轴心线的交点 O 为工件原点,建立工件坐标系。

2. 程序编制

零件粗、精加工程序编制清单如表3-4所示。

表3-4　粗、精加工程序编制清单

程　序	注　释
O3010	
N0010 G97 G99;	
N0020 S500 M03;	
N0030 T0101;	换1号车刀,1号刀补
N0040 G00 X65.0 Z0.0;	
N0050 G01 X0.0 F0.08;	平端面
N0060 G00 Z5.0;	
N0070 X65;	
N0080 G71 U2.0 R1.0;	粗车 φ24、φ60 外圆及端面
N0090 G71 P0100 Q0160 U0.6 W0.3 F0.3;	
N0100 G00 X20.0;	
N0110 G01 Z0.0 F0.08 S800;	
N0120 G01 X24.0 Z−2.0;	
N0130 W−33.0;	
N0140 X60.0;	
N0150 W−17.0;	
N0160 X65.0;	
N0170 G70 P0100 Q0160;	精车 φ24、φ60 外圆及端面
N0180 G00 X100.0 Z100.0;	
N0190 S300 M03;	
N0200 T0202;	换2号车刀,2号刀补
N0210 G00 X65.0 Z−35.0;	切螺纹退刀槽
N0220 G01 X19.0 F0.08;	
N0230 G04 X3.0;	
N0240 G00 X65.0;	
N0250 X100.0 Z100.0;	
N0260 S500 M03;	
N0270 T0303;	换3号车刀,3号刀补
N0280 G00 X26.0 Z3.0;	
N0290 G92 X23.2 Z−32.0 F1.5;	切螺纹
X22.6;	
X22.2;	
X22.04;	
X22.04;	
N0300 G00 X100.0 Z100.0;	
N0310 S300 M03;	
N0320 T0202;	换2号车刀,2号刀补
N0330 G00 X65.0 Z−55.0;	
N0340 G01 X0.0 F0.08;	切断
N0350 G00 X100.0 Z100.0;	
N0360 M05;	停主轴
N0370 M30	程序结束

拓展训练　锥堵零件车削编程与操作

训练任务书　某单位准备加工如图 3 - 13 所示零件。

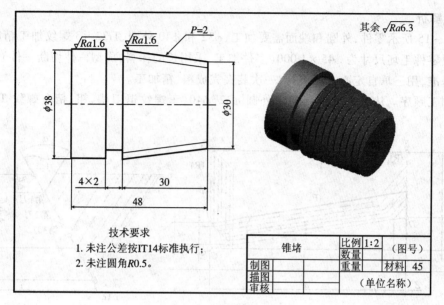

图 3 - 13　锥堵零件

①任务要求:学生以小组为单位制定该零件数控车削工艺并编制该零件的加工程序。

②学习目标:进一步掌握数控程序的编制方法及步骤,学习 G32/G92 等螺纹编程指令的应用。

任务2　梯形螺纹零件车削编程与操作

📌 项目任务书

某单位准备加工如图 3 - 14 所示螺钉零件。

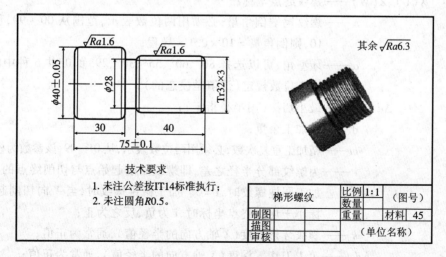

图 3 - 14　梯形螺纹零件工程图

①任务要求:制定该零件数控车削工艺并编制该零件的精加工程序。

②学习目标:掌握数控程序的编制方法及步骤,学习 G76 等螺纹编程指令的应用。

任务解析

图 3-15 所示零件,外圆和端面需要加工,$\phi32$ 和 $\phi40$ 外圆、Tr32×3 螺纹加工精度较高。

①设零件毛坯尺寸为 $\phi45×1\,000$(多件加工,采用长的棒料,成型一件切断一件),轴心线为工艺基准,用三爪自定心卡盘夹持,一次装夹完成粗、精加工。

②加工顺序。从右向左,粗、精车外圆 $\phi32$,$\phi40$,车螺纹退刀槽,粗、精车螺纹 Tr32×3,切断。

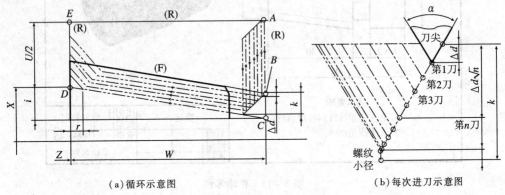

(a)循环示意图   (b)每次进刀示意图

图 3-15   螺纹切削复合循环指令 G76

知识准备

螺纹在零件加工中是一个重要内容,本项目主要学习螺纹加工方法及编程指令。

一、螺纹切削复合循环指令 G76

(1)指令格式

G76 P(m)(r)(α)Q(Δd min)R(d);

G76 X(U)_Z(W) _R(i)P(k)Q(Δd)F_;

其中 $X(U)$、$Z(W)$——螺纹终点坐标;

r——螺纹尾端倒角量,必须用两位数表示,范围从 00~99,例如 $r=$ 10,则倒角量 = 10×0.1×导程;

α——牙型角,可以选择 80°、60°、55°、30°、29° 和 0° 共 6 种中的 1 种,由 2 位数规定(该值是模态的);

Δd_{min}——最小切深(用半径指定);

d——精加工余量;

m——精加工重复次数,必须用两位数表示,从 01~99,该参数为模态量;

i——为螺纹部分半径之差,即螺纹切削起始点与切削终点的半径差。加工圆柱螺纹时,$i=0$。加工圆锥螺纹时,当 X 向切削起始点坐标小于切削终点坐标时,i 为负,反之为正;

k——螺纹牙形高度(X 轴方向的半径值),通常为正值;

Δd——第 1 刀切入深度(X 轴方向的半径值),通常为正值;

F——螺纹导程。

（2）说明

复合螺纹切削循环指令用于多次自动循环车螺纹,数控加工程序中只需指定一次,并在指令中定义好有关参数,就能自动进行加工。它的进刀方法有利于改善刀具的切削条件,在编程中应优先考虑应用该指令,如图 3 - 15 所示。

【例 3 - 3】　如图 3 - 16 所示为复合螺纹切削循环应用实例,其程序为:

　　…
G00 X80.0 Z130.0;
G76 P011060 Q0.1 R0.2;
G76 X55.564 Z25.0 P3.68 Q1.8 F6.0;
　　…

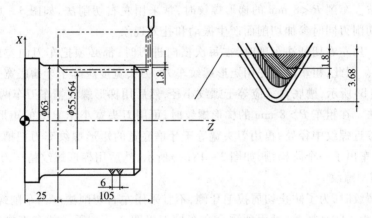

图 3 - 16　复合螺纹切削循环指令 G76 应用

二、梯形螺纹加工工艺

（1）梯形螺纹的尺寸计算

梯形螺纹的代号。梯形螺纹的代号用字母"Tr"及公称直径 X 螺距表示,单位均为 mm。左旋螺纹需在尺寸规格之后加注"LH",右旋则不用标注。例如,Tr36X6,Tr44X8LH 等。

国家标准规定,公制梯形螺纹的牙型角为 30°。梯形螺纹的牙型如图 3 - 17 所示,各基本尺寸计算公式见表 3 - 5。

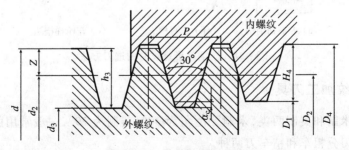

图 3 - 17　梯形螺纹的牙型

表 3 – 5　梯形螺纹各部分名称、代号及计算公式　　　　　　　　单位：mm

名　称	代　号	计　算　公　式			
牙顶间隙	α_c	P	1.5 ~ 5	6 ~ 12	14 ~ 44
		α_c	0.25	0.5	1
大径	d、D_4	$d = $ 公称直径，$D_4 = d + \alpha_c$			
中径	d_2、D_2	$d_2 = d - 0.5P$，$D_2 = d_2$			
小径	d_3、D_1	$d_3 = d - 2h_3$，$D_1 = d - P$			
牙高	h_3、H_4	$h_3 = 0.5P + \alpha_c$，$H_4 = h_3$			
牙顶宽	f、f'	$f = f' = 0.366P$			
牙底槽宽	W、W'	$W = W' = 0.366P - 0.536\alpha_c$			

（2）低速车削梯形螺纹时进刀方法

左右切削法。车削 $P < 8$ mm 的梯形螺纹时，常采用左右切削法，如图 3 – 18（a）所示，可以防止因三个切削刃同时参加切削而产生振动和扎刀现象。

车直槽法。用左右切削法车削时，在每次横向进刀时，都必须把车刀向左或向右作微量移动，很不方便。因此，粗车时可先用矩形螺纹车刀（刀头宽度应等于牙槽底宽），车出螺旋直槽，如图 3 – 18（b）所示，槽底直径应等于螺纹小径，然后用梯形螺纹精车刀车两侧。

车阶梯槽法。在粗车 $P > 8$ mm 的梯形螺纹时，可用刀头宽小于 $P/2$ 的矩形螺纹车刀，用车直槽法车至接近螺纹中径处，再用刀头宽等于牙槽底宽的矩形螺纹车刀把槽深车至接近螺纹牙高，这样就车出了一个阶梯槽，如图 3 – 18（c）所示，然后用梯形螺纹精车刀车两侧。

（3）高速切削螺纹

高速切削螺纹时，为了防止切屑拉毛牙侧，不宜采用左右切削法。当车削螺距大于 8 mm 的梯形螺纹时，为了防止振动，可用硬质合金车槽刀以图 3 – 18 所示的车直槽法和车阶梯槽法进行粗车，然后用螺纹车刀精车。

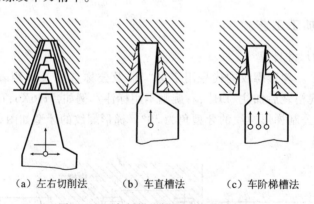

　　（a）左右切削法　　　　（b）车直槽法　　　　（c）车阶梯槽法

图 3 – 18　车削梯形螺纹时的进刀方法

三、梯形螺纹加工刀具

梯形螺纹有米制和英制两类，米制牙型角为 30°，英制为 29°，一般常用的是米制梯形螺纹。梯形螺纹车刀分粗车和精车刀两种。

装夹时，车刀的主切削刃必须与工件轴线等高（弹性刀杆应高于轴线约 0.2 mm），同时应和工件轴线平行。刀头的角平分线要垂直于工件轴线。

车梯形螺纹时工件受力较大，一般采用两顶尖或一夹一顶装夹。粗车较大螺距时，可采用四爪单动卡盘一夹一顶,以保证装夹牢固,同时使工件的一个台阶靠住卡爪平面(或用轴向撞头限位),固定工件的轴向位置。以防止因切削力过大,使工件移位而车坏螺纹。

粗车刀的两刃夹角应小于螺纹牙型角,精车刀的两刃夹角应等于螺纹牙型角;粗车刀的刀头宽度应为 1/3 螺距宽,精车刀的刀头宽度应等于牙底槽宽减 0.05 mm。

梯形螺纹车刀的刃磨时要求车刀刃口要光滑、平直、无爆口(虚刃),两侧副刀刃必须对称,刃头不歪斜。用油石研磨去各刀刃的毛刺。内螺纹车刀的刀尖角的角平分线应和刀杆垂直。刃磨高速钢车刀,应随时放入水中冷却,以防退火失去车刀硬度。

任务实施

1. 数控加工工艺分析

(1)选择机床设备及刀具。

根据零件图样要求,选择 CK6150 型卧式数控车床。

根据加工要求,共选用 3 把刀具。1 号刀选用 90°硬质合金外圆车刀;2 号刀选用切槽刀(刀宽 5 mm);3 号刀选用梯形螺纹车刀。在自动换刀刀架上安装好刀具且对好刀,把它们的刀偏值输入相应的刀具参数中,刀具卡片如表 3-6 所示。

表 3-6　刀具卡片

产品名称		××		零件名称		模柄	零件图号	××
序号	刀具号	刀具规格名称	数量	加工表面	刀尖半径 R/mm	刀尖方位 T	备注	
1	T0100	90°硬质合金外圆车刀	1	端面、φ32、φ40 外圆及端面的粗、精加工	0.2	3		
2	T0200	切槽刀(刃宽 5 mm)	1	螺纹退刀槽				
3	T0300	螺纹车刀	1	TR32X3 螺纹		8		
编制	××	审核	××	批准		××	共　页	第　页

(2)确定切削用量。

外圆粗车时,主轴转速 500 r/min,进给量 0.3 mm/r。外圆精车时,主轴转速 800 r/min,进给量 0.08 mm/r。切断时,主轴转速 300 r/min,进给量 0.08 mm/r。切螺纹时,主轴转速 500 r/min。

(3)确定工件坐标系、对刀点和换刀点。

确定以工件的右端面与轴心线的交点 O 为工件原点,建立工件坐标系。

2. 程序编制

零件粗、精加工程序编制清单如表 3-7 所示。

表 3-7　零件粗、精加工程序编制清单

程　序	注　释
O3010	
N0010 G97 G99;	
N0020 S500 M03;	
N0030 T0101;	换 1 号车刀,1 号刀补
N0040 G00 X45.0 Z0.0;	
N0050 G01 X0.0 F0.08;	平端面
N0060 G00 Z5.0;	

续上表

程　序	注　释
N0070 X45；	
N0080 G71 U2.0 R1.0；	
N0090 G71 P0100 Q0160 U0.6 W0.3 F0.3；	粗车 φ32、φ40 外圆及端面
N0100 G00 X28.0；	
N0110 G01 Z0.0 F0.08 S800；	
N0120 G01 X32.0 Z - 2.0；	
N0130 W - 43.0；	
N0140 X40.0；	
N0150 W - 32.0；	
N0160 X45.0；	
N0170 G70 P0100 Q0160；	
N0180 G00 X100.0 Z100.0；	精车 φ32、φ40 外圆及端面
N0190 S300 M03；	
N0200 T0202；	
N0210 G00 X45.0 Z - 45.0；	换 2 号车刀,2 号刀补
	切螺纹退刀槽
N0220 G01 X28.0 F0.08；	
N0230 G04 X3.0；	
N0240 G00 X45.0；	
N0250 X100.0 Z100.0；	
N0260 S500 M03；	
N0270 T0303；	换 3 号车刀,3 号刀补
N0280 G00 X26.0 Z3.0；	
N0290 G76 P030030 Q0.05 R0.1；	切螺纹
N0300 G76 X28.5 Z - 42.0 R0 P1.75 Q0.2 F3.0；	
N0310 G00 X100.0 Z100.0；	
N0320 S300 M03；	
N0330 T0202；	换 2 号车刀,2 号刀补
N0340 G00 X65.0 Z - 55.0；	
N0350 G01 X0.0 F0.08；	切断
N0360 G00 X100.0 Z100.0；	
N0370 M05；	停主轴
N0380 M30	程序结束

拓展训练　螺母零件车削编程与操作

训练任务书　某单位准备加工如图 3 - 19 所示螺母零件。

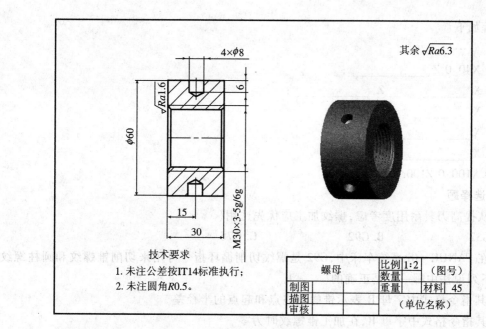

图 3-19 螺母零件

①任务要求:学生以小组为单位制定该零件数控车削工艺并编制该零件的精加工程序。
②学习目标:进一步掌握数控程序的编制方法及步骤,学习 G76 等基本编程指令的应用。

复习与思考题

一、填空题

1. 程序行 G32 X44.2 Z-40.0 F1.5 中,切削功能字是_____,X44.2 Z-40.0 是_____字,F1.5 表示_____。

2. 车削螺纹时,应设置足够的_____和_____,以消除机床伺服系统本身滞后特性造成的螺距不规则现象。

3. 对图 3-20 所示的圆柱螺纹编程。螺纹导程为 1.5 mm;$\delta_1 = 1.5$ mm,$\delta_2 = 1.0$ mm,每次吃刀量分别为 0.8 mm、0.6 mm、0.4 mm、0.16 mm。

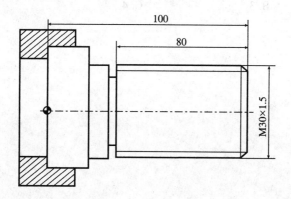

图 3-20 圆柱螺纹编程

编程如下：

  …

G00 X40.0 Z _____ ;

G92 X _____ Z _____ ;

  X _____ ;

  X _____ ;

  X _____ ;

G00 X100.0 Z100.0;

二、选择题

1. 从提高刀具耐用度考虑,螺纹加工应优先选用( )。

A. G32   B. G92   C. G76

2. 在 FANUC - 0i 系统车床中,G92 是螺纹切削循环指令可用来切削锥螺纹和圆柱螺纹,请判断下列说法中哪一个是正确的( )。

A. 其指令格式中字母 R 表示锥螺纹终点和起点的半径差

B. 其指令格式中字母 R,在加工锥螺纹时为零

C. 其指令格式中字母 F 表示螺距值

3. 以下提法中( )是错误的。

A. G92 是模态指令   B. G04 X3.0 表示暂停 3s

C. G32 Z F 中的 F 表示进给量   D. G41 是刀具左补偿

4. 安装螺纹车刀时刀尖应于中心等高,刀尖角的对称中心线( )工件轴线。

A. 平行于   B. 倾斜于   C. 垂直于

5. 三针测量是测量外螺纹( )的一种比较精密的方法。

A. 小径   B. 中径   C. 大径

6. 程序停止,程序复位到起始位置的指令是( )。

A. M00   B. M30   C. M02

7. G96 S180 表示切削点线速度控制在( )。

A. 180 r/min   B. 180 mm/r   C. 180 m/min

8. 90°外圆车刀的刀尖位置编号是( )。

A. 2   B. 3   C. 4

项目 4 典型零件车削编程与操作

本章要点

➢ 数控车切槽编程指令及应用。
➢ 数控车子程序调用指令及应用。
➢ 复合轴零件的数控编程方法。
➢ 数控车床的操作方法。

技能目标

➢ 掌握径向槽的编程和操作。
➢ 掌握深孔的编程和操作。
➢ 掌握子程序调用的编程和操作。
➢ 能够熟练应用所学指令及 G74、G75、M98/M99 等完成复合轴零件的编程和操作。

任务 1 端盖车削编程与操作

项目任务书

某单位准备加工如图 4-1 所示端盖零件。

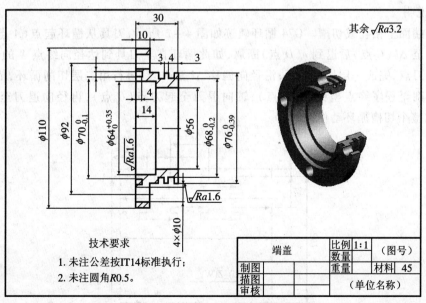

图 4-1 端盖零件图

①任务要求：制定该零件数控车削工艺并编制该零件的加工程序。
②学习目标：掌握数控程序的编制方法及步骤，学习 G74/G75 等基本编程指令的应用。

任务解析

如图 4-1 所示零件,要加工表面、内孔、槽及盘上 4 个孔,φ64、φ68、φ70、φ76 外圆加工精度较高。

①设零件毛坯为 φ115×34 的棒料,轴心线为工艺基准,用三爪自定心卡盘夹持,分两次装夹完成粗、精加工。

②加工顺序。首先夹持左端 φ110 外圆,从右向左,车右端面,粗、精车 φ76 外圆和 φ110 外圆的右端面,车径向槽。

掉头夹 φ76 外圆,粗、精车 φ110 外圆的左端面和外圆,钻中间孔,粗、精镗内孔 φ56 外圆和 φ64。车端面槽。4 个 φ10 孔上铣床加工。

知识准备

零件加工过程中,经常会遇到深孔、端面宽槽和径向宽槽的情况,为提高加工效率简化编程,可采用端面深孔钻削循环指令和径向切槽循环指令进行加工。

一、端面深孔钻削循环指令

(1)指令格式

G74 R(e);

G74 X(U)_Z(W)_ P(Δi) Q(Δk) R(Δd) F_;

其中　X(U) Z(W)——切槽终点处坐标;

e——退刀量;

Δi——刀具完成一次轴向切削后,在 X 方向的偏移量,半径值;

Δk——Z 方向的每次切深量;

Δd——刀具在切削底部的退刀量。

(2)说明

在轴端面上钻孔或切槽。G74 循环轨迹如图 4-2 所示,刀具从循环起点(A 点)开始,先轴向切深至 Δk(C 点)后退到 e(D 点)断屑,如此循环直至刀具到达径向终点 X 的坐标处,轴向退到起刀点,完成一层切削循环;沿径向偏移 Δi 至 F 点,进行第二层切削循环,依次循环直至刀具切削至程序终点坐标处(B 点),轴向退刀至起刀点(G 点),再径向退刀至起刀点(A 点),完成整个切槽循环动作。

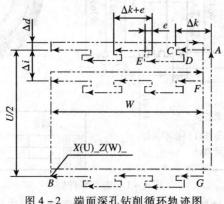

图 4-2　端面深孔钻削循环轨迹图

G74 循环指令中的 X(U)值可省略或设定值为 0,当 X(U)值设为 0 时,在 G74 循环执行

过程中刀具仅作 Z 向进给而不作 X 向偏移。此时该指令可用于端面啄式深孔钻削循环,但使用该指令时刀具一定要精确定位到工件的旋转中心。

【例 4 – 1】　如图 4 – 3 所示,采用深孔钻削循环功能加工如图所示深孔,试编写加工程序。其中:$e = 1, \Delta k = 500, F = 0.1$。其加工程序如下:

　　…

N0040 G74 R1;

N0050 G74 Z – 124 Q500 F0.1;

　　…

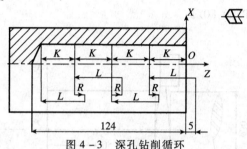

图 4 – 3　深孔钻削循环

二、径向切槽循环指令

(1)指令格式

G75 R(e);

G75 X(U) _Z(W)_ P(Δi) Q(Δk) R(Δd) F_;

　其中　$X(U) Z(W)$——切槽终点处坐标;

　　　　　　　　e——退刀量;

　　　　　　　　Δi——X 向每次循环切削量,半径值;

　　　　　　　　Δk——刀具完成一次径向切削后,在 Z 方向的偏移量;

　　　　　　　　Δd——刀具在切削底部的退刀量。

(2)说明

外径切削循环功能适合于在外圆面上切削沟槽或切断加工。G75 循环轨迹如图 4 – 4 所示,刀具从循环起点(A 点)开始,沿径向进刀 Δi(C 点)后退到 e(D 点)断屑,如此循环直至刀具到达径向终点 X 的坐标处,径向退到起刀点,完成一层切削循环;沿轴向偏移 Δk 至 F 点,进行第二层切削循环,依次循环直至刀具切削至程序终点坐标处(B 点),径向退刀至起刀点(G 点),再轴向退刀至起刀点(A 点),完成整个切槽循环动作。

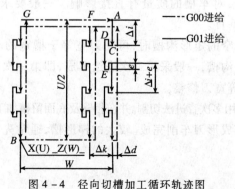

图 4 – 4　径向切槽加工循环轨迹图

　　G75 循环指令中的 Z(W) 值可省略或设定值为 0。当 Z(W) 值设为 0 时,循环执行时刀具仅作 X 向进给而不作 Z 向偏移。

　　对于指令中的 Δi、Δk 值,在 FANUC 系统中,不能输入小数点,而直接输入脉冲当量值,如 P1500 表示径向每次切深量为 1.5 mm。

　　【例 4 - 2】　试编写进行图 4 - 5 所示零件切断加工的程序。其加程序如下:

```
...
N0040 G75 R1.0;
N0050 G75 X - 1.0 P500 F0.1;
...
```

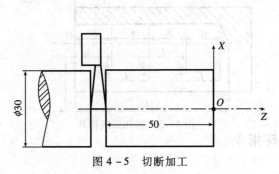

图 4 - 5　切断加工

　　切槽用复合固定循环(G74.G75)使用注意事项:

　　①当出现以下情况之一时,在不同的系统(如 FANUC、三菱)中执行切槽复合固定循环指令将出现程序报警。

　　a. X(U) 或 Z(W) 指定,而 Δi 或 Δk 值不设定或设定为零。

　　b. Δk 值大于 Z 轴的移动量(W)或 Δk 值设定为负值。

　　c. Δi 值大于 U/2 或 Δi 值设定为负值。

　　d. 退刀量大于进刀量,即 e 值大于每次切深,Δi 或 Δk。

　　②由于 Δi 和 Δk 为无符号值,所以,刀具切深完成后的偏移方向由系统根据刀具起刀点及切削终点坐标自动判断。

　　③切槽过程中,刀具或工件受较大的单方向切削力,容易在切削过程中产生振动,因此切削加工中的进给量 F 取值应小于普通切削的 F 值,通常进给量取 0.05 ~ 0.1 mm/r。

三、切槽加工工艺

　　车槽刀装夹是否正确,对车槽的质量有直接影响。一般要求切槽刀刀尖与工件轴线等高,而且刀头与工件轴线垂直。

　　车精度不高且宽度较窄的矩形沟槽时,可用刀宽等于槽宽的车槽刀,采用直进法一次进给车出。精度要求较高的沟槽,一般采用二次进给车成,即第一次进给车槽时,槽壁两侧留精车余量,第二次进给时用等宽刀修整。

　　车较宽的沟槽,可以采用多次直进法切割。并在相壁及底面留精加工余量,最后一刀精车至尺寸。

　　较小的梯形槽一般用成形刀车削完成。较大的梯形槽,通常先车直槽,然后用梯形刀直进法或左右切削法完成。

四、子程序的应用

如图 4-6 所示工件,在相同的间隔距离切削 4 个凹槽,若用 1 个程序切削,则必有许多重复的加工指令。此种情况可将相同的加工程序制作成 1 个子程序,再使用一主程序去调用此子程序,则可简化程序的编制和节省 CNC 系统的内存空间。

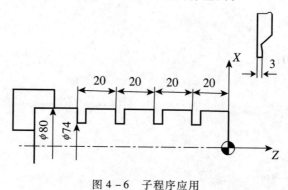

图 4-6　子程序应用

(1)指令格式

M98 P△△△ × × × × ;

M99 ;

其中　× × × ×——子程序号;

　　　　△△△——调用子程次数;

　　　　M98——主程序调用子程序的指令;

　　　　M99——子程序的结束指令。

(2)说明

主程序调用同一子程序执行加工,最多可执行 999 次,且子程序也可再调用另一子程序执行加工,FANUC 数控系统最多可调用 4 层子程序,即可以嵌套 4 级,不同系统其执行的次数及层次也不同。

主程序调用子程序,其执行方式如下:

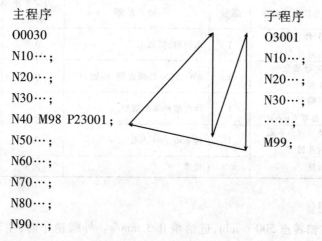

主程序	子程序
O0030	O3001
N10…;	N10…;
N20…;	N20…;
N30…;	N30…;
N40 M98 P23001;	……;
N50…;	M99;
N60…;	
N70…;	
N80…;	
N90…;	

【例 4-3】　M98 P46666;(表示连续调用 4 次 06666 子程序)

M98 P8888;(表示调用 08888 子程序一次)

M98 P0012；（表示调用 0012 子程序一次）

【例 4 - 4】 以 FANUC 0i - TA 系统子程序指令加工图 4 - 6 工件上的 4 个槽。

其主程序如下：

O0015；

T0101M03S500；

G00X82.0Z0；

M98P40555；

G00X150.0Z150.0；

M05；

M30；

其子程序如下：

O0555；

W - 20.0；

G01X74.0F0.05；

G00X82.0；

M99；

任务实施

1. 数控加工工艺分析

（1）选择机床设备及刀具

根据零件图样要求，选 CK6150 型卧式数控车床。

根据加工要求，共选用 3 把刀具。1 号刀选用 93°硬质合金端面车刀；2 号刀选用 90°硬质合金外圆车刀；3 号刀选用切槽刀（刀宽 3 mm）；4 号刀选用硬质合金不通内孔镗刀。把刀具在自动换刀刀架上安装好且对好刀，把它们的刀偏值输入相应的刀具参数中，刀具卡片如表 4 - 1 所示。

表 4 - 1 刀具卡片

产品名称		× ×		零件名称		模柄	零件图号	× ×
序号	刀具号	刀具规格名称	数量	加工表面	刀尖半径 R/mm	刀尖方位 T	备注	
1	T0100	93°硬质合金端面刀	1	端面粗、精加工	0.2	3		
2	T0200	90°硬质合金外圆刀	1	$\phi76$、$\phi110$ 外圆面粗、精加工	0.2	4		
3	T0300	切槽刀（刃宽 4 mm）	1	径向槽和端面槽加工				
4	T0400	硬质合金不通内孔镗刀	1	镗 $\phi56$、$\phi64$ 内孔	0.2	6		
编制	× ×	审核	× ×	批准		× ×	共 页	第 页

（2）确定切削用量

外圆粗车时，主轴转速 500 r/min，进给量 0.3 mm/r。外圆精车时，主轴转速 800 r/min，进给量 0.08 mm/r。切槽时，主轴转速 300 r/min，进给量 0.05 mm/r。镗内孔时，主轴转速 500 r/min，进给量 0.1 mm/r。外圆精车时，主轴转速 800 r/min，进给量 0.08 mm/r。

（3）确定工件坐标系、对刀点和换刀点

确定以工件的右端面与轴心线的交点 O 为工件原点，建立工件坐标系。采用手动试切对刀方法。假设换刀点设置在工件坐标系下 X100、Z100 处。

2. 程序编制

零件粗、精加工程序编制清单如表 4 - 2 所示。

表 4 - 2　零件粗、精加工编制清单（一）

右端加工程序	注　　释
O4001	
N0000 M03 S500;	
N0010 T0101;	1 号车刀，1 号刀补
N0020 G00 X120 Z - 2;	
N0030 G01 X50 F0. 1;	车右端面（已预加工好 ϕ50 内孔）
N0040 G00 X115 Z100;	
N0050 T0202;	2 号车刀，2 号刀补
N0060 G00 X120 Z5;	
N0070 G72 U2 R1;	粗车外圆
N0080 G72 P0090 Q0110 U0. 6 W0. 3 F0. 3;	
N0090 G00 Z - 22;	
N0100 G01 X75. 802 F0. 08 S800;	
N0110 Z5;	
N0120 G70 P0090 Q0110;	精车外圆
N0130 G00 X115 Z100;	
N0140 T0303;	换 3 号车刀，3 号刀补
N0150 M03 S300;	
N0160 G00 X80 Z - 7;	
N0170 G75 R1. 0;	切第 1 径向槽
N0180 G75 X67. 9 P800 F0. 05;	
N0190 G00 Z - 14;	
N0200 G75 R1. 0;	切第 2 径向槽
N0210 G75 X67. 9 P800 F0. 05;	
N0220 G00 X115 Z100;	
N0230 M05;	停主轴
N0240 M03;	程序结束
左端加工程序	注　　释
O4002	
N0000 M03 S500;	
N0010 T0101;	1 号车刀，1 号刀补
N0020 G00 X120 Z - 2;	
N0030 G01 X50 F0. 08;	车左端面，保证总长 30 mm
N0040 G00 Z5;	
N0050 X120;	
N0060 G90 X113 Z - 11 F0. 3;	粗车外圆
N0070 X110. 6;	
N0080 M03 S800;	
N0090 G00 X110;	

左端加工程序	注　　释
N0100 G01 Z－11 F0.08；	精车外圆
N0110 X115；	
N0130 G00 X115 Z100；	
N0140 T0303；	换3号车刀,3号刀补
N0150 M03 S300；	
N0160 G00 X73.95 Z5；	
N0170 G74 R1.0；	切端面槽
N0180 G74 Z－4 Q800 F0.05；	
N0220 G00 X115 Z100；	
N0230 T0404；	4号车刀,4号刀补
N0240 S500；	
N0250 G00 X45 Z5；	粗车内孔
N0260 G71 U2 R1；	
N0270 G71 P0280 Q0320 U0.6 W0.3 F0.3；	
N0280 G00 X63.175；	
N0290 G01 Z－14 F0.08 S800；	
N0300 X56；	
N0310 Z－32；	
N0320 X45；	
N0330 G70 P0280 Q0320；	精车内孔
N0340 G00 X115 Z100；	
N0350 M05；	停主轴
N0360 M03；	程序结束

拓展训练　滑轮零件车削编程与操作

训练任务书　某单位准备加工如图4－7所示零件。

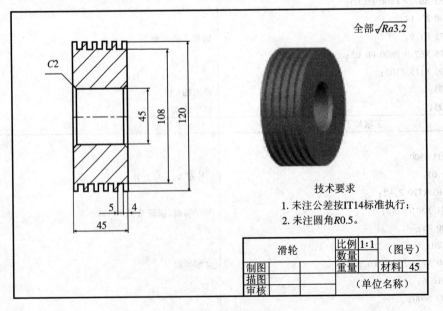

全部 $\sqrt{Ra3.2}$

技术要求
1. 未注公差按IT14标准执行；
2. 未注圆角R0.5。

滑轮	比例	1:1	（图号）
	数量		
制图	重量	材料	45
描图			
审核	（单位名称）		

图4－7　滑轮零件工程图

①任务要求：学生以小组为单位制定该零件数控车削工艺并编制该零件的加工程序。

②学习目标：进一步掌握数控程序的编制方法及步骤，学习子程序调用 M98/M99 指令的应用。

任务 2　复合轴车削编程与操作

项目任务书

某单位准备加工如图 4-8 所示复合轴零件。

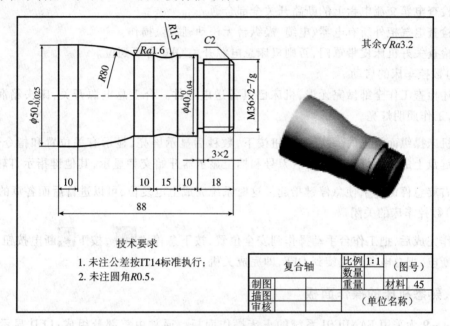

图 4-8　复合轴工程图

①任务要求：制定该零件数控车削工艺并编制该零件的加工程序。

学会数控车床的操作方法，能使用数控车床加工零件。

②学习目标：掌握数控程序的编制方法及步骤，熟练应用所学指令完成复合轴零件的编程和操作。

任务解析

图 4-8 所示零件，外圆和端面需要加工，$\phi40$ 和 $\phi50$ 外圆、M36 螺纹加工精度较高。

①设零件毛坯尺寸为 $\phi55 \times 1\,000$（多件加工，采用长的棒料，成型一件切断一件），轴心线为工艺基准，用三爪自定心卡盘夹持，一次装夹完成粗、精加工。

②加工顺序从左向右，粗车螺纹大径 $\phi36$，$\phi40$ 外圆、$R80$ 弧面、$\phi50$ 外圆，然后精车螺纹大径 $\phi36$、$\phi40$ 外圆、$R80$ 弧面、$\phi50$ 外圆，车 $R15$ 弧形槽，车螺纹退刀槽，粗精车螺纹。

知识准备

本次目采用宇龙仿真软件，模拟复合轴在数控车床的加工过程，通过项目认识数控车床操作面板，熟悉数控车床的操作方法。

一、数控车床的启动和关闭

（1）机床通电前检查

①必须确认机床供电的电源符合要求。

②必须确认保护地线已经牢固、可靠地固定在机床指定的接地螺钉上；接地电阻小于 10Ω。

③检查交流盘和直流盘上的接触器、继电器和连接器，确认无松动、脱落。

④检查数控系统的模块、插件、连接器，确认无松动、脱落。

⑤检查电箱交流电盘上的断路开关全部合通。

⑥检查电气柜外所有电器、电缆、操纵台无松动、脱落、损伤。

⑦检查关好机床皮带罩门，否则机床总电源开关 QF0 合不到位。

（2）数控车床的启动

上述检查工作全部做完无误，机床已具备送电条件。合上总电源开关，床头箱润滑泵电机启动，工作照明灯亮。

将机床操纵面板上的 启动按钮按下，数秒后显示屏亮，显示有关位置和指令信息；机床操作键盘上的指示灯全亮，5 s 后刀号和挡位显示器开始交替显示，其他键指示灯转为正常显示。右旋急停键 ，使急停键抬起。这时系统完成上电复位，可以进行后面各章的操作。

（3）数控车床的关闭

工作完成后，把工作台手动操作到安全位置，按下急停键 ，按下 断电按钮，数控系统即刻断电，把总电源开关旋到 OFF，即完成关机。

二、熟悉机床的操作面板

图 4 - 9 为采用 FANUC0I 系统的车床操作面板。通常由三部分组成：LED 显示屏，MDI 操作面板，机床控制操作面板。表 4 - 3 所示为 FANUC 数控车床 MDI 操作面板键盘说明。表 4 - 4 为 FANUC 数控车床机床控制操作面板说明。

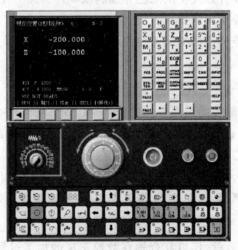

图 4 - 9　FANUC 数控车床操作面板

表 4 – 3　**FANUC 数控车床数控操作面板键盘说明**

MDI 软键	功　能
	软键 PAGE 实现左侧 CRT 中显示内容的向上翻页;软键 PAGE 实现左侧 CRT 显示内容的向下翻页
	移动 CRT 中的光标位置。软键 ↑ 实现光标的向上移动;软键 ↓ 实现光标的向下移动;软键 ← 实现光标的向左移动;软键 → 实现光标的向右移动
	实现字符的输入,点击 SHIFT 键后再点击字符键,将输入右下角的字符。例如:点击 OP 将在 CRT 的光标所处位置输入"O"字符,点击软键 SHIFT 后再点击 OP 将在光标所处位置处输入 P 字符;软键中的"EOB"将输入";"号表示换行结束
	实现字符的输入,例如,点击软键 5 将在光标所在位置输入"5"字符,点击软键 SHIFT 后再点击 5 将在光标所在位置处输入"1"
POS	在 CRT 中显示坐标值
PROG	CRT 将进入程序编辑和显示界面
OFFSET SETTING	CRT 将进入参数补偿显示界面
SYSTEM	本软件不支持
MESSAGE	本软件不支持
CUSTOM GRAPH	在自动运行状态下将数控显示切换至轨迹模式
SHIFT	输入字符切换键
CAN	删除单个字符
INPUT	将数据域中的数据输入到指定的区域
ALTER	字符替换
INSERT	将输入域中的内容输入到指定区域
DELETE	删除一段字符
HELP	本软件不支持
RESET	机床复位

表 4 - 4　FANUC 数控车床机床操作面板说明

按　　钮	名　　称	功 能 说 明
	主轴减速	控制主轴减速
	主轴加速	控制主轴加速
	主轴停止	主轴停住
	主轴手动允许	点击该按钮可实现手动控制主轴
	主轴正转	点击该按钮,主轴正转
	主轴反转	点击该按钮,主轴反转
	超程解除	系统超程解除
	手动换刀	点击该按钮将手动换刀
	回参考点 X	在回原点下,点击该按钮,X 轴将回零
	回参考点 Z	在回原点下,点击该按钮,Z 轴将回零
	X 轴负方向移动按钮	点击该按钮将使得主轴向 X 轴负方向移动
	X 轴正方向移动按钮	点击该按钮将使得主轴向 X 轴正方向移动
	Z 轴负方向移动按钮	点击该按钮将使得主轴向 Z 轴负方向移动
	Z 轴正方向移动按钮	点击该按钮将使得主轴向 Z 轴正方向移动
	回原点模式按钮	点击该按钮将使得系统进入回原点模式
	手轮 X 轴选择按钮	在手轮模式下选择 X 轴
	手轮 Z 轴选择按钮	在手轮模式下选择 Z 轴
	快速	在手动连续情况下使得主轴移动处于快速方式下
	自动模式	点击该按钮使得系统处于运行模式
	JOG 模式	点击该按钮使得系统处于手动模式,手动连续移动机床
	编辑模式	点击该按钮使得系统处于编辑模式,用于直接通过操作面板输入数控程序和编辑程序
	MDI 模式	点击该按钮使得系统处于 MDI 模式,手动输入并执行指令
	手轮模式	点击该按钮使得主轴处于手轮控制状态下
	循环保持	点击该按钮使得主轴进入保持状态
	循环启动	点击该按钮使得系统进入循环启动状态
	机床锁定	点击该按钮将锁定机床
	空运行	点击该按钮将使得机床处于空运行状态
	跳段	此按钮被按下后,数控程序中的注释符号"/"有效

按　　钮	名　　称	功 能 说 明
	单段	此按钮被按下后,运行程序时每次执行一条数控指令
	进给选择旋钮	将光标移至此旋钮上后,通过点击鼠标的左键或右键来调节进给倍率
	手轮进给倍率	调节手轮操作时的进给速度倍率
	急停按钮	按下急停按钮,使机床移动立即停止,并且所有的输出如主轴的转动等都会关闭
	手轮	
	电源开	
	电源关	

三、操作方式选择

机床的操作方式有以下五种:

(1)编辑方式

编辑方式是输入、修改、删除、查询、检索工件加工程序的操作方式。在输入、修改、删除工件加工程序操作前,要将软开关程序保护打到 ON 位置。在这种方式下,工件程序不能运行。

(2)手动数据输入(MDI)方式

在这种方式下,可以通过数控系统(CNC)键盘输入一段程序,然后通过按循环启动按钮予以执行。通常这种方式用于简单的测试操作。

(3)自动操作方式

自动操作方式,是按照程序的指令控制机床连续自动加工的操作方式。

自动操作方式所执行的程序即工件加工程序在循环启动前已装入数控系统的存储器内,所以这种方式又称为存储程序操作方式。

自动操作循环启动前必须用正确的对刀方法准确地测定出各个刀的刀补值并置入到程序指定的刀具补偿单元。

自动操作循环启动前必须将刀架准确地移动到工件程序中所指定的起始点位置。

(4)手动操作方式

按下 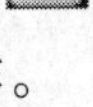 键指示灯亮,机床进入手动操作方式。在这种方式下可以实现机床所有手动功能的操作。

按着  键,刀架向 X 轴负方向移动,抬手则停止移动。

按着  键,刀架向 X 轴正方向移动,抬手则停止移动。

按着 ⬅ 键,刀架向 Z 轴负方向移动,抬手则停止移动。

按着 ➡ 键,刀架向 Z 轴正方向移动,抬手则停止移动。

(5)手摇脉冲进给方式 🔘

按 🔘 键,键指示灯亮,机床处于手摇进给操作方式。按开关 [X] 选择 X 轴或开关 [Z] 选择轴后,操作者可以摇动手摇轮(手摇脉冲发生器)令刀架前后、左右运动。其速度快慢随意调节,非常适合于近距离对刀等操作。

四、对刀操作

数控车削加工中,应首先确定零件的加工原点,以建立准确的加工坐标系,同时考虑刀具的不同尺寸对加工的影响,这些都需要通过对刀来解决。

(1)一般对刀

一般对刀是指在机床上使用相对位置手动对刀。下面以 Z 向对刀为例说明对刀方法,如图 4-10 所示。刀具安装后,先移动刀具手动切削工件右端面,再沿 X 向退刀,将右端面与加工原点距离 N 输入数控系统,即完成这把刀具 Z 向对刀过程。

(2)机外对刀仪对刀

机外对刀的本质是测量出刀具假想刀尖点到刀具台基准之间 X 及 Z 方向的距离。利用机外对刀仪可将刀具预先在机床外校对好,以便装入机床后将对刀长度输入相应刀具补偿号即可以使用,如图 4-11 所示。

(3)自动对刀

自动对刀是刀尖检测系统实现的,刀尖以设定的速度向接触式传感器接近,当刀尖与传感器接触并发出信号,数控系统立即记下该瞬间的坐标值,并自动修正刀具补偿值。如图 4-12所示。

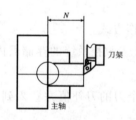

图 4-10　相对位置检测对刀

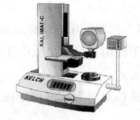

图 4-11　机外对刀仪对刀

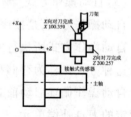

图 4-12　自动对刀

五、工件零点设置的几种方法

FANUC 系统数控车床设置工件原点的几种方法如下:

(1)用 G50 设置工件原点

①用外圆车刀先试切一外圆,测量外圆直径后,把刀沿 Z 轴正方向退刀,切端面到中心。

②选择 MDI 方式,输入 G50 X0 Z0,启动 循环启动键,把当前点设为零点。

③选择 MDI 方式，输入 G00 X150.0 Z150.0 ，使刀具离开工件进行加工。

④程序开头应是：G50 X150 Z150 ……。

（2）G54 ~ G59 设置工件原点

①切削外径：点击操作面板上的按钮 ，手动状态指示灯变亮 ，机床进入手动操作模式，点击控制面板上的，点击 或 ，使机床在 X 轴方向移动；同样使机床在 Z 轴方向移动。

点击操作面板上的【主轴正转】 或【主轴反转】 按钮，使其指示灯变亮 ，，主轴转动。再点 Z 轴负方向按钮 ，移动 Z 轴，用所选刀具试切工件外圆。然后按 Z 轴正方向按钮 ，X 方向保持不动，刀具退出。

②点击操作面板上的【主轴停止】 按钮，使主轴停止转动，测量切削位置的直径，记下 X 的值 α。

③按下控制箱键盘上的 键，把光标定位在需要设定的坐系上，光标移到 X。

④输入直径值 Xα，按软键【测量】，即可设定 X 轴坐标原点。

⑤切削端面：点击操作面板上的【主轴正转】 或【主轴反转】 按钮，使其指示灯变亮，主轴转动。点击控制面板上的 X 轴负方向按钮 ，切削工件端面。然后按 X 轴正方向按钮 ，Z 方向保持不动，刀具退出，读出端面在工件坐标系中 Z 的坐标值，记为 β（此处以工件端面中心点为工件坐标系原点，则 β 为 0）。

⑥点击操作面板上的 按钮，使主轴停止转动。

⑦按下控制箱键盘上的 键，把光标定位在需要设定的坐标系上，光标移到 Z。

⑧输入直径值 Z0，按软键【测量】，即可设定 Z 轴坐标原点。

（3）测量、输入刀具偏移量设置工件原点

使用这个方法对刀，在程序中直接使用机床坐标系原点作为工件坐标系原点。

用刀具试切工件外圆，点击 按钮，使主轴停止转动，测量得到试切后的工件直径，记为 α。

保持 X 轴方向不动，刀具退出。点击 MDI 键盘上的 键，进入形状补偿参数设定界面，将光标移到相应的位置，输入 Xα，按软键【测量】输入。

试切工件端面，读出端面在工件坐标系中 Z 的坐标值，记为 β（此处以工件端面中心点为工件坐标系原点，则 β 为 0）。

保持 Z 轴方向不动，刀具退出。进入形状补偿参数设定界面，将光标移到相应的位置，输入 Zβ，按【测量】软键输入。

（4）设置偏置值完成多把刀具对刀

方法一：选择一把刀为标准刀具，采用试切法或自动设置坐标系法完成对刀，把工件坐标系原点放入 G54 ~ G59，然后通过设置偏置值完成其他刀具的对刀，下面介绍刀具偏置值的获取办法。

点击 MDI 键盘上 **POS** 键和【相对】软键,进入相对坐标显示界面。

选定的标刀试切工件端面,将刀具当前的 Z 轴位置设为相对零点(设零前不得有 Z 轴位移)。

依次点击 MDI 键盘上的 **SHIFT**、**Zw**、**Op** 输入"w0",按软键【预定】,则将 Z 轴当前坐标值设为相对坐标原点。

标刀试切零件外圆,将刀具当前 X 轴的位置设为相对零点(设零前不得有 X 轴的位移):依次点击 MDI 键盘上的 **SHIFT**、**Xu**、**Op** 输入"u0",按软键【预定】,则将 X 轴当前坐标值设为相对坐标原点。

换刀后,移动刀具使刀尖分别与标准刀切削过的表面接触。接触时显示的相对值,即为该刀相对于标刀的偏置值 ΔX,ΔZ。(为保证刀准确移到工件的基准点上,可采用手动脉冲进给方式)即为偏置值。

将偏置值输入到形状参数补偿表内。

注:MDI 键盘上的 **SHIFT** 键用来切换字母键,如 **Xu** 键,直接按下输入的为"X",按 **SHIFT** 键,再按 **Xu**,输入的为"U"。

方法二:分别对每一把刀测量、输入刀具偏移量。

注　意

用 G50 X150.0 Z150.0 设置工件零点,刀具起点和终点必须一直在坐标 X150.0 Z150.0,这样才能保证重复加工不乱刀。

可用 G53 指令清除 G54～G59 工件坐标系。

六、程序的编辑

(1)由键盘输入程序

在机床操作面板的方式选择键中按编辑键 **⬦**,进入编辑运行方式。按系统面板上的 PROG 键,数控屏幕上显示程式画面。使用字母和数字键,输入程序号。按插入键 **INSERT**。这时程序屏幕上显示新建立的程序名和结束符% ,接下来可以输入程序内容。

(2)加载加工程序

点击菜单栏【文件】→【加载 NC 代码文件】,弹出 Windows 打开文件对话框。从电脑中选择代码存放的文件夹,选中代码,按【打开】键。按程序键 **PROG**,显示屏上显示该程序。同时该程序文件被放进程序列表里。

七、自动加工及其方式选择

自动运行就是机床根据编制的零件加工程序来运行。自动运行包括存储器运行和 MDI

运行。

（1）存储器运行

存储器运行就是指将编制好的零件加工程序存储在数控系统的存储器中,调出要执行的程序来使机床运行。

①按【编辑键】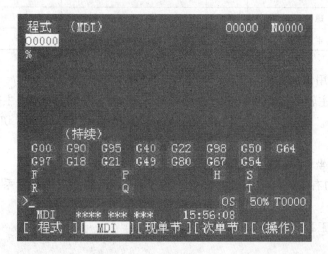（图标），进入编辑运行方式。

②按数控系统面板上的【PROG】键（图标）。

③按数控屏幕下方的软键 DIR 键,屏幕上显示已经存储在存储器里的加工程序列表。

④按地址键 O。

⑤按数字键输入程序号。

⑥按数控屏幕下方的软键 O 检索键。这时被选择的程序就被打开显示在屏幕上。

⑦按【自动键】（图标）,进入自动运行方式。

⑧按机床操作面板上的循环键中的白色启动键,开始自动运行。

⑨运行中按下循环键中的红色暂停键,机床将减速停止运行。再按下白色启动键,机床恢复运行。

⑩如果按下数控系统面板上的 Reset 键,自动运行结束并进入复位状态。

（2）MDI 运行

MDI 运行是指用键盘输入一组加工命令后,机床根据这组命令执行操作。

①按【MDI】键（图标）,进入 MDI 运行方式。

②按数控系统面板上的【PROG】键（图标）,屏幕上显示如图 4 - 13 所示画面。程序号 O0000 是自动生成的。

图 4 - 13　MDI 显示画面

③编制一段程序。

④按机床操作面板上的【循环启动】键（图标）,开始运行。当执行到结束代码（M02,M30）

或%时,运行结束并且程序自动删除。

运行中按下循环键中的红色暂停键,机床将减速停止运行。再按下启动键,机床恢复运行。如果按下数控系统面板上的【Reset】键,自动运行结束并进入复位状态。

任务实施

1. 数控加工工艺分析

(1)选择机床设备及刀具

根据零件图样要求,选 CK6150 型卧式数控车床。

根据加工要求,共选用 4 把刀具。1 号刀选用 90°硬质合金外圆车刀;2 号刀选用菱形精车车刀;3 号刀选用切槽刀(刀宽 3 mm);4 号刀选用 60°三角螺纹车刀。把刀具在自动换刀刀架上安装好且对好刀,把它们的刀偏值输入相应的刀具参数中,刀具卡片如表 4 - 5 所示。

表 4 - 5　刀具卡片

产品名称		× ×		零件名称		模柄		零件图号	× ×
序号	刀具号	刀具规格名称	数量	加工表面		刀尖半径 R/mm	刀尖方位 T	备注	
1	T0100	90°硬质合金外圆车刀	1	工件螺纹大径 $\phi36$、$\phi40$、R80、及 $\phi50$ 的粗加工		0.2	3		
2	T0200	菱形精车车刀	1	工件螺纹大径 $\phi36$、$\phi40$、R80、及 $\phi50$ 的精加工,R15 弧形槽粗精加工		0.2	3		
3	T0300	切槽刀(刃宽 3 mm)	1	螺纹退刀槽					
4	T0400	螺纹车刀	1	M36X2 螺纹			8		
编制	× ×	审核	× ×	批准		× ×	共　页	第　页	

(2)确定切削用量

外圆粗车时,主轴转速 500 r/min,进给量 0.3 mm/r。外圆精车时,主轴转速 800 r/min,进给量 0.08 mm/r。切断时,主轴转速 300 r/min,进给量 0.05 mm/r。切螺纹时,主轴转速 300 r/min。

(3)确定工件坐标系、对刀点和换刀点

确定以工件的右端面与轴心线的交点 O 为工件原点,建立工件坐标系。

2. 程序编制

零件粗、精加工程序编制清单如表 4 - 6 所示。

表 4-6 零件粗、精加工程序编程清单(二)

程　序	注　释
O4003	
N0010 S500 M03;	
N0020 T0101;	1 号车刀,1 号刀补
N0030 G00 X55.0 Z5.0;	
N0040 G71 U2.0 R1.0;	粗车 $\phi36$、$\phi40$ 外圆、R80 弧面、$\phi50$ 外圆
N0050 G71 P0060 Q0140 U0.6 W0.3 F0.3;	
N0060 G00 X28.0;	
N0070 G01 Z0 F0.08;	
N0080 X35.8 Z-2.0;	
N0090 Z-18.0;	
N0100 X40.0;	
N0110 W-35.0;	
N0120 G03 X50.0 Z-78.0 R80.0;	
N0130 G01 W-10.0;	
N0140 X55.0;	
N0150 G00 X100.0 Z100.0;	
N0160 S800 T0202;	换 2 号车刀,2 号刀补
N0170 G00 X45.0 Z5.0;	
N0180 G70 P0060 Q0140;	
N0190 G00 X45.0 Z-28.0;	精车 $\phi36$、$\phi40$ 外圆、R80 弧面、$\phi50$ 外圆
N0200 G02 X40.0 W-15.0 R15.0 F0.08;	精加工 R15 弧形槽
N0210 G00 X45.0;	
N0220 X150.0 Z150.0;	
N0240 S500 T0303;	换 3 号车刀,3 号刀补
N0250 G00 X45.0.0 Z-18.0;	切螺纹退刀槽
N0260 G01 X38.0 F0.05;	
N0270 G00 X45	
N0280 X150.0 Z150.0;	
N0290 S300 T0404;	换 4 号车刀,4 号刀补
N0300 G00 X40.0 Z2.0;	
N0310 G92 X35.1 Z-16.0 F2.0;	切螺纹
X34.5;	
X33.9;	
X33.5;	
X33.4;	
X33.4;	
N0320 G00 X150.0 Z150.0;	
N0330 S300 M03 T0303;	换 3 号车刀,3 号刀补
N0340 G00 X55.0 Z-90.0;	
N0350 G01 X-1.0 F0.05;	切断
N0360 G00 X150.0 Z150.0;	
N0370 M05;	停主轴
N0380 M30;	程序结束

拓展训练 螺纹轴零件车削编程与操作

训练任务书 某单位现准备加工如图 4 – 14 所示零件。

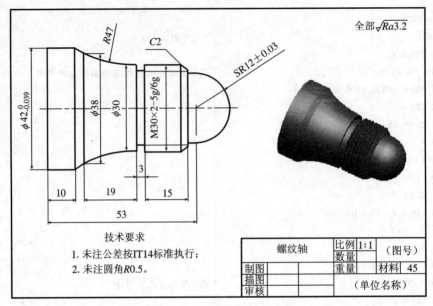

图 4 – 14 螺纹轴零件工程图

①任务要求:制定该零件数控车削工艺并编制该零件的加工程序。

学会数控车床的操作方法,能使用数控车床加工零件。

②学习目标:掌握数控程序的编制方法及步骤,熟练应用所学指令完成螺纹轴零件的编程和操作。

复习与思考题

一、选择题

1. 在切断、加工深孔或用高速钢刀具加工时,宜选择(   )的进给速度。

A. 较高   B. 较低

C. 数控系统设定的最低   D. 数控系统设定的最高

2. 在 CRT/MDI 面板的功能键中,用于程序编制的键是(   )。

A. POS   B. PROG   C. ALARM

3. 在 CRT/MDI 面板的功能键中,用于刀具偏置数设置的键是(   )。

A. POS   B. OFSET   C. PRGRM

4. 数控程序编制功能中常用的插入键是(   )。

A. INSRT   B. ALTER   C. DELET

5. 设置零点偏置(G54 – G59)是从(   )输入。

A. 程序段中   B. 机床操作面板   C. CNC 控制面板

6. FANUC 车床加工程序中调用子程序的指令是(   )。

A. G98   B. G99   C. M98   D. M99

二、操作题（编程题、或实训题等）

如图 4-15 所示复合轴零件，按图纸要求分小组独立完成下图的车削工艺并编制该零件加工程序。

请按如下步骤完成练习：

步骤一：

①根据零件图样要求、确定毛坯及加工顺序。

②选择机床设备及刀具。

③确定切削用量。

④确定工件坐标系、对刀点和换刀点。

⑤基点运算。

步骤二：

编写零件加工程序并写出加工程序清单。

步骤三：

上机操作完成零件加工。

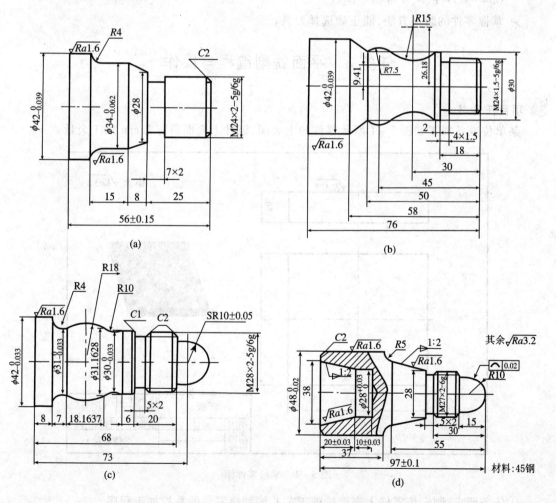

图 4-15　复合零件

项目 5 平面与外轮廓铣削编程与操作

本章要点

➤ 数控铣削编程基础知识及基本指令应用。

➤ 数控加工工艺知识及工艺文件的编制。

➤ 平面与外轮廓加工编程方法。

技能目标

➤ 能够熟练地制定平面与外轮廓铣削加工工艺并能正确编制数控加工程序。

➤ 能够熟练应用 G00、G01、G02/G03、G40/G41/G42、G43/G44/G49、G90/G91、G92/G54 ~ G59、F、S、M 等指令编程。

➤ 掌握零件的装夹方法,能正确选择刀具。

任务 1 平面铣削编程与操作

📋 项目任务书

某单位准备加工如图 5 – 1 所示零件的上表面,该件上表面留有 2 mm 加工余量。

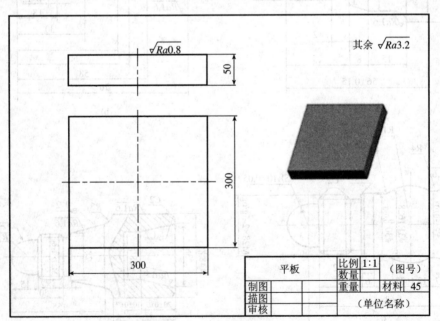

图 5 – 1 平板零件图

①任务要求:制定该零件上表面铣削工艺并编制该零件的数控加工程序。

②学习目标:掌握数控程序的编制方法及步骤,学习 G00/G01 等基本编程指令的应用。

任务解析

如图 5-1 所示零件,上表面要加工,加工精度较高。

①设零件毛坯尺寸为 300×300×52 mm,上表面左下角点为工艺基准,用平口钳夹持 300×300 mm 处,使工件高出钳口 20 mm,一次装夹完成粗、精加工。

②加工顺序从左到右粗铣上表面,留 0.5 mm 的精加工余量,从左到右精铣上表面,达到尺寸及精度要求。

知识准备

数控铣床是机床设备中应用非常广泛的加工机床,如图 5-2 所示,它可以进行平面铣削、平面型腔铣削、外形轮廓铣削、三维及三维以上复杂型面铣削,还可进行钻削、镗削、螺纹切削等孔加工。

图 5-2　数控铣床

一、数控铣床的加工范围

数控铣削主要适合于下列零件的加工。

(1)平面类零件

目前在数控铣床上加工的绝大多数零件属平面类零件。由于平面类零件的各个加工面是平面或可以展开成平面,所以它是数控铣削加工对象中最简单的一类零件,如图 5-3 所示,由二轴联动三轴控制数控铣床加工即可。

(a)轮廓面A　　　　(b)轮廓面B　　　　(c)轮廓面C

图 5-3　平面类零件

(2)变斜角类零件

加工面与水平面的夹角呈连续变化的零件称为变斜角类零件。这类零件多为飞机零件,如飞机上的整体梁、框、缘条与肋等;此外还有检验夹具与装配型架等也属于变斜角类零件。图 5-4所示是飞机上的一种变斜角梁缘条,该零件的上表面在第②肋至第⑤肋的斜角 α 从 3°

10′均匀变化为2°32′,从第⑤肋至第⑨肋再均匀变化为1°20′,从第⑨肋到第⑫肋又均匀变化为0°。

变斜角类零件的变斜角加工面不能展开为平面,但在加工中,加工面与铣刀圆周接触的瞬间为一条线。最好采用四坐标或五坐标数控铣床摆角加工,在没有上述机床时,可采用三坐标数控铣床,进行两轴半坐标近似加工。

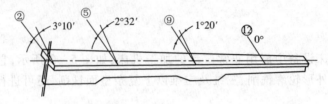

图5-4　变斜角类零件

（3）曲面类零件

加工面为空间曲面的零件称为曲面类零件,如叶片、模具、螺旋桨等。曲面类零件不能展开为平面,加工时加工面与铣刀始终为点接触。加工曲面类零件一般采用球头铣刀在三轴数控铣床上加工。当曲面较复杂、通道较狭窄、会伤及毗邻表面及需刀具摆动时,要采用四轴或五轴铣床。图5-5所示为模具型腔零件。

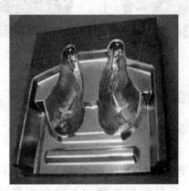

图5-5　模具型腔

（4）精度要求高的零件

针对数控铣床加工精度较高、尺寸稳定的特点,对加工精度要求较高的中小批量零件,选择数控铣床加工容易获得所要求的尺寸精度和形状位置精度,并可得到很好的互换性。

（5）孔系及螺纹加工

孔及螺纹加工可以采用定尺寸孔加工刀具进行钻、扩、铰、锪、镗削等加工,也可以采用铣刀铣削不同尺寸的孔。

二、数控铣削的工艺性分析

数控铣削加工工艺性分析是编程前的重要工艺准备工作之一。数控铣削加工工艺分析所要解决的主要问题大致可归纳为以下几个方面。

（1）选择并确定数控铣削加工部位及工序内容

在选择数控铣削加工内容时,应充分发挥数控铣床的优势和关键作用。主要选择的加工内容有如下几点：

①工件上的曲线轮廓，特别是由数学表达式给出的非圆曲线与列表曲线等曲线轮廓。

②已给出数学模型的空间曲面。

③形状复杂、尺寸繁多、画线与检测困难的部位。

④用通用铣床加工时难以观察、测量和控制进给的内外凹槽。

⑤以尺寸协调的高精度孔和面。

⑥能在一次安装中顺带铣出来的简单表面或形状。

⑦用数控铣削方式加工后，能成倍提高生产率，大大减轻劳动强度的一般加工内容。

（2）零件图样的工艺性分析

根据数控铣削加工的特点，对零件图样进行工艺性分析时，应主要分析与考虑以下问题：

①零件图样尺寸分析。由于加工程序是以准确的坐标点来编制的，因此，各图形几何元素间的相互关系应明确，如相切、相交、垂直和平行等；各种几何元素的条件要充分，应无引起矛盾的多余尺寸或者影响工序安排的封闭尺寸等。例如，零件在用同一把铣刀、同一个刀具半径补偿值编程加工时，由于零件轮廓各处尺寸公差带不同，就很难同时保证各处尺寸在尺寸公差范围内，如图 5-6 所示。这时一般采取的方法是兼顾各处尺寸公差，在编程计算时，改变轮廓尺寸并移动公差带，改为对称公差，采用同一把铣刀和同一个刀具半径补偿值加工。图 5-6 所示的括号内的尺寸，其公差带均作了相应改变，计算与编程时用括号内尺寸来进行。

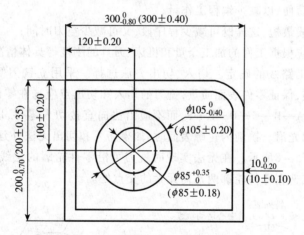

图 5-6　零件尺寸公差带的调整

②型腔内壁圆弧的尺寸应一致。型腔加工时内壁圆弧尺寸的大小往往限制刀具的尺寸。

a. 型腔内壁圆弧半径 R 对加工的影响。当工件的被加工轮廓高度 H 较小，型腔内壁转接圆弧半径 R 较大时，则可采用刀具切削刃长度 L 较小，直径 D 较大的铣刀加工。这样，底面的走刀次数较少，表面质量较好，因此，工艺性较好。反之铣削工艺性则较差。

通常，当 $R < 0.2H$ 时，则属工艺性较差。

b. 型腔内壁与底面间的圆弧半径 r 对加工的影响。铣刀直径 D 一定时，工件的内壁与底面间的圆弧半径 r 越小，铣刀与铣削平面接触的最大直径 $d = D - 2r$ 也越大，铣刀端刃铣削平面的面积越大，则加工平面的能力越强，因而，铣削工艺性越好。反之，工艺性越差。

当底面铣削面积大，转接圆弧半径 r 较大时，先用一把 r 较小的铣刀加工，再用符合要求 r

的刀具加工,分两次完成切削。

总之,零件型腔内壁圆弧半径尺寸的大小和一致性,影响加工能力、加工质量和换刀次数。因此,转接圆弧半径尺寸大小要合理,半径尺寸尽可能一致,至少要求半径尺寸分组靠拢,以改善铣削工艺性。

(3)保证基准统一

有些工件需要在铣削完一面后,再重新安装铣削另一面,由于数控铣削时,不能使用通用铣床加工时常用的试切方法来接刀,因此,最好采用统一基准定位。

(4)分析零件的变形情况

工件铣削时的变形,影响加工质量。可采用常规方法如粗、精加工分开及对称去余量法等,也可采用热处理的方法,如对钢件进行调质处理,对铸铝件进行退火处理等。加工薄板时,切削力及薄板的弹性退让极易产生切削面的振动,使薄板厚度尺寸公差和表面粗糙度难以保证,这时,应考虑合适的工件装夹方式。

总之,零件的加工工艺取决于零件的结构形状、尺寸和技术要求等。

(5)零件的加工路线

①加工路线的确定原则。在数控加工中,刀具刀位点相对于零件运动的轨迹称为加工路线。加工路线的确定与工件的加工精度和表面粗糙度直接相关,其确定原则如下:

·加工路线应保证被加工零件的精度和表面粗糙度,且效率较高;

·使数值计算简便,以减少编程工作量;

·应使加工路线最短,这样既可减少程序段,又可减少空刀时间;

·加工路线还应根据工件的加工余量和机床、刀具的刚度等具体情况确定。

②轮廓铣削加工路线的确定。切入、切出方法选择。采用立铣刀侧刃铣削轮廓类零件时,为减少接刀痕迹,保证零件表面质量,铣刀的切入和切出点应选在零件轮廓曲线的延长线上,如图5-7所示A—B—C—D—E—F,而不应沿法向直接切入零件,以避免加工表面产生刀痕,保证零件轮廓光滑。铣削内轮廓表面时,如果切入和切出无法外延,切入与切出应尽量采用圆弧过渡,如图5-8所示。在无法实现时铣刀可沿零件轮廓的法线方向切入和切出,但需将其切入、切出点选在零件轮廓两几何元素的交点处。

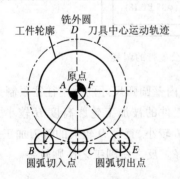

图 5-7　外轮廓切入、切出

图 5-8　内轮廓切入、切出

③凹槽切削方法选择。加工凹槽切削方法有三种,即行切法,如图5-9(a)所示、环切法如图5-9(b)所示和先行切最后环切法如图5-9(c)所示。三种方案中,图5-9(a)方案最差,图5-9(c)方案最好。

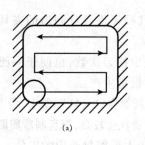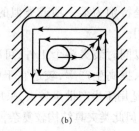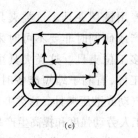

图 5-9　凹槽切削方法

④轮廓铣削加工应避免刀具的进给停顿。在轮廓加工过程中,在工件、刀具、夹具、机床系统弹性变形平衡的状态下,进给停顿时,切削力减小,会改变系统的平衡状态,刀具会在进给停顿处的零件表面留下刀痕,因此在轮廓加工中应避免进给停顿。

⑤顺铣和逆铣对加工影响。在铣削加工中,采用顺铣还是逆铣方式是影响加工表面粗糙度的重要因素之一。逆铣时切削力 F 的水平分力 F_X 的方向与进给运动 v_f 方向相反,顺铣时切削力 F 的水平分力 F_X 的方向与进给运动 v_f 的方向相同。铣削方式的选择应视零件图样的加工要求,工件材料的性质、特点以及机床、刀具等条件综合考虑。通常,由于数控机床传动采用滚珠丝杠结构,其进给传动间隙很小,顺铣的工艺性就优于逆铣。

图 5-10(a)所示为采用顺铣切削方式,图 5-10(b)所示为采用逆铣切削方式。

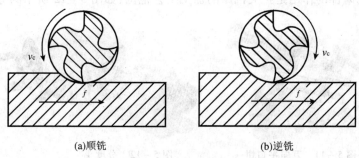

(a)顺铣　　　　　　　　　　(b)逆铣

图 5-10　顺铣和逆铣切削方式

同时,为了降低表面粗糙度值,提高刀具耐用度,对于铝镁合金、钛合金和耐热合金等材料,尽量采用顺铣加工。但如果零件毛坯为黑色金属锻件或铸件,表皮硬而且余量一般较大,这时采用逆铣较为合理。

三、数控铣床的工艺装备

数控铣床的工艺装备较多,这里主要分析夹具和刀具。

1. 数控铣床的夹具

数控机床主要用于加工形状复杂的零件,但所使用夹具的结构往往并不复杂,数控铣床夹具的选用可首先根据生产零件的批量来确定。对单件、小批量、工作量较大的模具加工来说,一般可直接在机床工作台面上通过调整实现定位与夹紧,然后通过加工坐标系的设定来确定零件的位置。

（1）常用夹具的种类

数控铣削加工常用的夹具大致有下列几种:

①万能组合夹具。这类适用于小批量生产或研制时的中、小型工件在数控铣床上进行铣加工。

②专用铣切夹具。这类夹具是特别为某一项或类似的几项工件设计制造的夹具,一般在批量生产或研制时非要不可时采用。

③多工位夹具。这类夹具可以同时装夹多个工件,可减少换刀次数,也便于一面加工,一面装卸工件,有利于缩短准备时间,提高生产率,较适宜于中批量生产。

④气动或液压夹具。这类夹具适用于生产批量较大,采用其他夹具又特别费工、费力的工件。能减轻工人劳动强度和提高生产率,但此类夹具结构较复杂,造价往往较高,而且制造周期较长。

⑤真空夹具。这类夹具适用于有较大定位平面或具有较大可密封面积的工件。

除上述几种夹具外,数控铣削加工中也经常采用虎钳、分度头和三爪夹盘等通用夹具。

（2）数控铣削夹具的选用原则

在选用夹具时,通常需要考虑产品的生产批量,生产效率,质量保证及经济性等,选用时可参照下列原则:

①在生产量小或研制时,应广泛采用万能组合夹具,只有在组合夹具无法解决工件装夹时才可放弃,如图5-11所示为万向平口钳。

②小批或成批生产可考虑采用专用夹具,但应尽量简单。

③在生产批量较大时可考虑采用多工位夹具和气动;液压夹具。

（3）数控铣床的附件

数控铣床的附件的作用是扩大机床的加工工艺范围,如图5-12所示的分度头。

图5-11　万向平口钳　　　　图5-12　分度头

2. 刀具

数控铣床上所采用的刀具要根据被加工零件的材料、几何形状、表面质量要求、热处理状态、切削性能及加工余量等,选择刚性好、耐用度高的刀具。常见刀具与加工类型如图5-13所示。

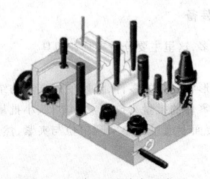

图5-13　常见刀具与加工类型

（1）常用铣刀的用途

被加工零件的几何形状是选择刀具类型的主要依据。

①铣小平面或台阶面时一般采用通用铣刀，如图 5 – 14 所示。

②铣键槽时，为了保证槽的尺寸精度，一般用两刃键槽铣刀，如图 5 – 15 所示。

③孔加工时，可采用钻头、镗刀等孔加工类刀具，如图 5 – 16 所示。

图 5 – 14　加工台阶面铣刀　　　图 5 – 15　加工槽类铣刀　　　图 5 – 16　孔加工刀具

④铣较大平面时，为了提高生产效率和提高加工表面粗糙度，一般采用刀片镶嵌式盘形铣刀，如图 5 – 17 ~ 图 5 – 19 所示。

图 5 – 17　可转位阶梯面铣刀　　图 5 – 18　可转位面铣刀　　图 5 – 19　可转位锥柄面铣刀

⑤加工曲面类零件时，为了保证刀具切削刃与加工轮廓在切削点相切，而避免刀刃与工件轮廓发生干涉，一般采用球头刀，粗加工用两刃铣刀，半精加工和精加工用四刃铣刀，如图5 – 20所示。

（2）铣刀结构选择

铣刀一般由刀片、定位元件、夹紧元件和刀体组成。由于刀片在刀体上有多种定位与夹紧方式，刀片定位元件的结构又有不同类型，因此铣刀的结构形式有多种，分类方法也较多。选用时，主要可根据刀片排列方式。刀片排列方式可分为平装结构和立装结构两大类。

①立装结构（刀片切向排列）。立装结构铣刀，如图 5 – 21 所示，刀片只用一个螺钉固定在刀槽上，结构简单，转位方便。虽然刀具零件较少，但刀体的加工难度较大，一般需用五坐标加工中心进行加工。由于刀片采用切削力夹紧，夹紧力随切削力的增大而增大，因此可省去夹紧元件，增大了容屑空间。由于刀片切向安装，在切削力方向的硬质合金截面较大，因而可进行大切深、大走刀量切削，这种铣刀适用于重型和中量型的铣削加工。

②平装结构（刀片径向排列）。平装结构铣刀，如图 5 – 22 所示，刀体结构工艺性好，容易加工，并可采用无孔刀片（刀片价格较低，可重磨）。由于需要夹紧元件，刀片的一部分被覆盖，容屑空间较小，且在切削力方向上的硬质合金截面较小，故平装结构的铣刀一般用于轻型和中量型的铣削加工。

图 5 – 20　加工曲面类铣刀　　　图 5 – 21　立装结构铣刀　　　图 5 – 22　平装结构铣刀

3. 选择切削用量

如图 5 – 23 所示,铣削加工切削用量包括铣削背吃刀量和侧吃刀量、进给量和铣削速度。切削用量的大小对切削力、切削功率、刀具磨损、加工质量和加工成本均有显著影响。数控加工中选择切削用量,就是在保证加工质量和刀具寿命的前提下,充分发挥机床性能和刀具切削性能,使切削效率最高,加工成本最低。

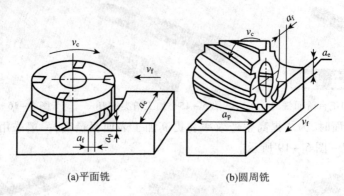

(a)平面铣   (b)圆周铣

图 5 – 23   铣削用量

为保证刀具寿命,铣削用量的选择原则是先选取铣削背吃刀量和侧吃刀量,其次确定进给量,最后确定铣削速度。

(1)铣削背吃刀量 a_p 和侧吃刀量 a_e 的选择

铣削背吃刀量是指平行于铣刀轴线测得的切削层尺寸,平面铣削时,a_p 为切削层深度;而圆周铣削时,a_p 为被加工表面的宽度。侧吃刀量是指垂直于铣刀轴线测得的切削层尺寸,平面铣削时,a_e 为被加工表面宽度;而圆周铣削时,a_e 为切削层的深度。

背吃刀量或侧吃刀量的选取主要由加工余量和对表面质量的要求来决定。铣削背吃刀量可参考表 5 –1。侧吃刀量粗加工时一般取 0.6 ~ 0.8 倍刀具的直径,精加工时由精加工余量确定。

表 5 –1   铣削背吃刀量的参考值   单位:mm

刀具材料	高速钢铣刀		硬质合金铣刀	
加工阶段	粗铣	精铣	粗铣	精铣
铸铁	5 ~ 7	0.3 ~ 1	10 ~ 18	0.5 ~ 2
软钢	<5	0.3 ~ 1	<12	0.5 ~ 2
中硬钢	<4	0.3 ~ 1	<7	0.5 ~ 2
硬钢	<3	0.3 ~ 1	<4	0.5 ~ 2

(2)进给量 f(mm/r)与进给速度 v_f(mm/min)的选择

铣刀为多齿刀具,因此,进给量有几种不同的表达方式。

铣刀每转过一个刀齿时,刀具沿进给运动方向的相对于工件的位移量称为每齿进给量 f_z;它是选择铣削进给速度的依据。每齿进给量的选择见表 5 – 2。

每转进给量 f 指刀具转一周,刀具与工件沿进给运动方向的相对位移量(单位为 mm/r)。进给速度 v_f 指刀具沿进给运动方向的相对于工件的移动速度(单位为 mm/min)。

其进给速度 v_f、刀具转速 n、刀具齿数 Z 及进给量的关系为:

$$v_f = nf = nZf_z \text{(mm/min)}$$

式中　Z——铣刀齿数。

表 5 – 2　每齿进给量的选择　　　　　　　　　　单位:mm/r

刀具名称	高速钢铣刀		硬质合金铣刀	
工件材料	铸铁	钢件	铸铁	钢件
立铣刀	0.08 ~ 0.15	0.03 ~ 0.06	0.2 ~ 0.5	0.08 ~ 0.2
面铣刀	0.15 ~ 0.2	0.06 ~ 0.10	0.2 ~ 0.5	0.08 ~ 0.2

（3）铣削速度 v_c 的选择

根据已经选定的铣削背吃刀量、进给量及刀具寿命选择切削速度。可用经验公式计算，也可根据生产实践经验，在机床说明书允许的切削速度范围内查阅有关切削用量手册选取。铣削速度的选择可参考表 5 – 3。

表 5 – 3　铣削速度的选择　　　　　　　　　　单位:m/min

工件材料	刀具材料		工件材料	刀具材料	
	高速钢铣刀	硬质合金铣刀		高速钢铣刀	硬质合金铣刀
20 钢	20 ~ 45	150 ~ 250	黄铜	30 ~ 60	120 ~ 200
45 钢	20 ~ 35	80 ~ 220	铝合金	112 ~ 300	400 ~ 600
40Cr	15 ~ 25	60 ~ 90	不锈钢	16 ~ 25	50 ~ 100
HT150	14 ~ 22	70 ~ 100			

实际编程中，铣削速度确定后，还要计算出铣床主轴转速 $n(\mathrm{r/min})$，并填入程序单中。铣削速度计算公式为：

$$v_c = \frac{\pi D n}{1\,000}(\mathrm{mm/min})$$

式中　D ——铣刀的直径,mm;

　　　n ——铣床主轴的转速,r/min。

四、FANUC – 0i 系统数控铣常用功能字

FANUC – 0i 系统数控铣常用准备功能字见表 5 – 4,常用辅助功能字见表 5 – 5。

表 5 – 4　FANUC – 0i 系统数控铣常用准备功能字

G 代码	组别	功能	说明
*G00		快速点定位	
G01	01	直线插补	模态指令
G02		顺圆插补	
G03		逆圆插补	
G04	00	暂停	非模态指令
G15	17	极坐标指令取消	模态指令
G16		极坐标指令	
*G17	16	选择 XY 平面	模态指令
G18		选择 XZ 平面	
G19		选择 YZ 平面	

G 代码	组别	功能	说明
G20	06	英制输入	
*G21		公制输入	
G28	00	返回参考点	模态指令
G29		从参考点返回	
G30		返回第二参考点	
G33	01	螺纹切削	模态指令
*G40	07	刀具半径补偿取消	模态指令
G41		刀具半径左补偿	模态指令
G42		刀具半径右补偿	模态指令
G43	08	刀具长度正补偿	模态指令
G44		刀具长度负补偿	
*G49		刀具长度补偿取消	
*G50	11	比例缩放取消	模态指令
G51		比例缩放	
*G50.1	22	可编程镜像取消	
G51.1		可编程镜像	
G52	00	局部坐标系设定	非模态指令
G53		选择机床坐标系	
*G54～G59	14	选择工件坐标系共 6 个	模态指令
G54.1～G54.48		附加工件坐标系 48 个	
G65	00	非模态调用宏程序	非模态指令
G66	12	模态调用宏程序	模态指令
*G67		模态宏程序调用取消	
G68	16	坐标旋转	模态指令
G69		取消坐标旋转	
G73	09	高速深孔钻循环	模态指令
G74		左螺纹加工循环	
G76		精镗孔循环	
*G80		取消固定循环	
G81		钻孔循环	
G82		钻台阶孔循环	
G83		深孔钻循环	
G84		右螺纹加工循环	
G85		粗镗孔循环	
G86		镗孔循环	
G87		反向镗孔循环	
G88		镗孔循环	
G89		镗孔循环	
*G90	03	绝对坐标编程	模态指令
G91		相对坐标编程	
G92	00	设置工件坐标系	非模态指令
*G94	05	每分钟进给 mm/min	模态指令
G95		每转进给 mm/r	
*G98	10	固定循环返回初始点	模态指令
G99		固定循环返回 R 点	

表 5 - 5　常用辅助功能字

M 代码	功能	说明	M 代码	功能	说明
M00	程序停止	单程序段有效非模态指令	M07	开冷却液(雾状)	模态指令
M01	计划停止		M08	开冷却液	
M02	程序结束		M09	关冷却液	
M03	主轴顺时针转动	模态指令	M19	主轴准停	非模态指令
M04	主轴逆时针转动		M30	程序结束,返回程序头	非模态指令
M05	主轴停止		M98	调用子程序	非模态指令
M06	自动换刀	非模态指令	M99	子程序返回	

五、数控铣床坐标系

(1)数控铣床机床坐标系

Z 坐标轴的运动由传递切削动力的主轴所规定,对于铣床,Z 坐标轴是带动刀具旋转的主轴;X 坐标轴一般是水平方向,它垂直于 Z 轴且平行于工件的装夹平面;最后根据右手笛卡儿直角坐标系原则确定 Y 轴的方向。

①立式铣床机床坐标系如图 5 - 24 所示,Z 坐标轴与立式铣床主轴同轴,向上远离工件的为 Z 坐标轴正方向。站在工件台前,面对主轴,主轴向右移动方向为 X 坐标轴的正方向,Y 坐标轴的正方向为主轴远离操作者方向。

②卧式铣床坐标系,如图 5 - 25 所示,Z 坐标轴与卧式铣床的水平主轴同轴,远离工件的方向为正;站在工作台前,主轴向左运动方向为 X 坐标轴的正方向,Y 坐标轴的正方向向上。

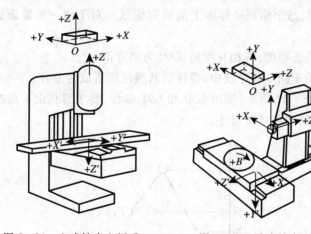

图 5 - 24　立式铣床坐标系　　　　图 5 - 25　卧式铣床坐标系

(2)机床原点和机床参考点

数控铣床机床原点和机床参考点如图 5 - 26 所示。

(3)工件坐标系、工件原点

工件坐标系又称为编程坐标系,工件原点又称为编程原点。

对数控铣床而言,工件坐标系原点一般选在工件上表面的 4 个角点、对称中心点或几何中心点上,各轴的方向应该与所使用的数控机床相应的坐标轴方向一致,如图 5 - 26 所示 W 为铣削零件的工件原点(编程原点)。

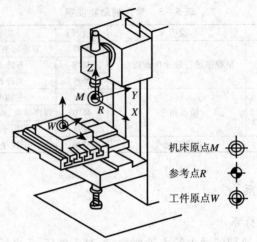

图 5 - 26　机床原点、参考点和工件原点

六、基本编程指令 G90/G91、G92/G54 ~ G59、GOO、G01

1. 绝对尺寸指令 G90 和增量尺寸指令 G91

(1)指令格式

G90 或 G91。

(2)说明

①G90 绝对值编程,每个编程坐标轴上的编程值是相对于程序原点的。

②G91 相对值编程,每个编程坐标轴上的编程值是相对于前一位置而言的,该值等于沿轴移动有向距离。

③G90 和 G91 为模态功能,可相互注销,G90 为缺省值。

④G90 和 G91 可用于同一程序段中,要注意其顺序所造成的差异。

【例 5 - 1】　如图 5 - 27 所示,使用 G90 和 G91 编程,要求刀具由 1 点按顺序移动到 2、3 点时,写出各点的绝对尺寸和增量尺寸。

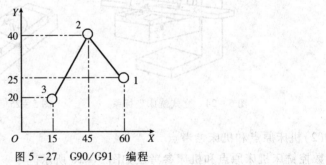

图 5 - 27　G90/G91　编程

解:各点的绝对尺寸和增量尺寸如表 5 - 6 所示。

表 5 - 6　各点的绝对尺寸和增量尺寸

坐标尺寸	1		2		3	
	X	Y	X	Y	X	Y
绝对尺寸	60	25	45	40	15	20
增量尺寸	60	25	- 15	15	- 30	- 20

2. 设置加工坐标系指令 G92

（1）指令格式

G92 X_ Y_ Z_。

（2）说明

G92 指令是将加工原点设定在相对于刀具起始点的某一空间点上。

若程序格式为 G92 X a Y b Z c，则将加工原点设定到距刀具起始点距离为 $X = -a$，$Y = -b$，$Z = -c$ 的位置上。

【例 5 - 2】 G92 X40 Y35 Z20

其确立的加工原点在距离刀具起始点 $X = -40$，$Y = -35$，$Z = -20$ 的位置上，如图 5 - 28 所示。

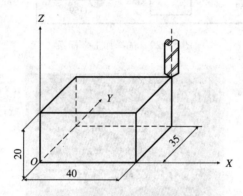

图 5 - 28 G92 设置加工坐标系

3. 选择加工坐标系指令 G54 ~ G59

（1）指令格式

G54 ~ G59。

（2）说明

①G54 ~ G59 指令可以分别用来选择相应的加工坐标系。

②该指令执行后，所有坐标值指定的坐标尺寸都是选定的工件加工坐标系中的位置。1 ~ 6 号工件加工坐标系是通过在机床控制面板上，按【OFFSET】键到坐标系设置窗口，输入相应机床坐标设置的。

③G54 ~ G59 指令是通过 MDI 在设置参数方式下设定工件加工坐标系的，一旦设定，加工原点在机床坐标系中的位置是不变的，它与刀具的当前位置无关，除非再通过 MDI 方式修改。

【例 5 - 3】 在图 5 - 29 中，读出机床坐标分别为：

$X_1 -320$ $Y_1 -200$ $Z_1 -80$；

$X_2 -250$ $Y_2 -100$ $Z_2 -50$；

然后再在机床控制面板上，按 OFFSET 键，在坐标系设置方式下，G54 和 G56 所在位置，输入上面的坐标，即建立 G54 和 G56 所在点的加工坐标系。坐标系如图5-30所示。

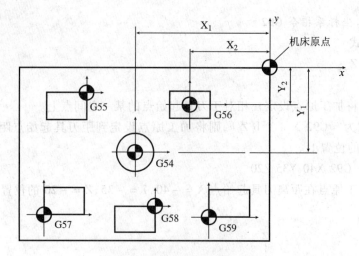

图 5 - 29　选择加工坐标系

图 5 - 30　坐标系的设置

（3）G92 与 G54～G59 的区别

G92 指令与 G54～G59 指令都是用于设定工件加工坐标系的，但在使用中是有区别的。G92 指令是通过程序来设定、选用加工坐标系的，它所设定的加工坐标系原点与当前刀具所在的位置有关，这一加工原点在机床坐标系中的位置是随当前刀具位置的不同而改变的。

💥注意

　　当执行程序段"G92 X10 Y10"时，常会认为是刀具在运行程序后到达 X10、Y10 点上。其实，G92 指令程序段只是设定加工坐标系，并不产生任何动作，这时刀具已在加工坐标系中的 X10、Y10 点上。

　　G54～G59 指令程序段可以和 G00、G01 指令组合，如 G54 G90 G01 X10 Y10 时，运动部件在选定的加工坐标系中进行移动。程序段运行后，无论刀具当前点在哪里，它都会移动到加工坐标系中的 X10、Y10 点上。

4. 快速点定位指令 G00

（1）指令格式

G00 X_ Y_ Z_;

其中　X、Y、Z——刀具移动目标点的绝对坐标值。

（2）说明

①G00 用于快速移动刀具位置，不对工件进行加工。可以在几个轴上同时执行快速移动，由此产生一线性轨迹，如图 5 - 31 所示。

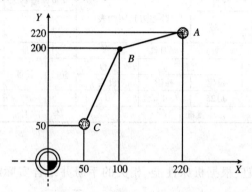

图 5 - 31　G00 快速点定位和 G01 直线插补指令

②机床数据中规定每个坐标轴快速移动速度的最大值，一个坐标轴运行时就以此速度快速移动。如果快速移动同时在两个轴上执行，则移动速度为两个轴可能的最大速度。

③用 G00 快速点定位时，在地址 F 下设置的进给率无效。

④G00 模态有效，直到被 G 功能组中其他的指令（G01、G02、G03…）取代为止。

【例 5 - 4】　实现如图 5 - 31 所示，从 A 点到 B 点的快速移动，其程序段如下。

绝对编程：N0010 G90 G00 X100.0 Y200.0；

相对编程：N0010 G91 G00 X - 120.0 Y - 20.0；

5. 直线插补指令 G01

（1）编程格式

G01 X_ Y_ Z_ F_；

其中　X、Y、Z ——刀具移动目标点的绝对坐标值；

　　　　　　F——进给速度，单位为 mm/r。

（2）说明

①刀具以直线从起始点移动到目标位置，按地址 F 下设置的进给速度运行。所有的坐标轴可以同时运行，如图 5 - 31 所示。

②G01 模态有效，直到被 G 功能组中其他的指令（G00，G02，G03…）取代为止。

【例 5 - 5】　实现如图 5 - 31 所示，从 B 点到 C 点的直线插补运动，其程序段如下。

绝对编程：N0030 G90 G01 X50.0 Y50.0 F100；

相对编程：N0030 G91 G01 X - 50.0 Y - 150.0 F100。

任务实施

1. 数控加工工艺分析

（1）选择工装及刀具

①根据零件图样要求，选 XK5032A 型立式数控铣床。

②工具选择。工件采用平口钳装夹，试切法对刀，把刀偏值输入相应的刀具参数中。

③量具选择。轮廓尺寸用游标卡尺、千分尺、角尺、万能量角器等测量，表面质量用表面

粗糙度样板检测,另用百分表校正平口钳及工件上表面。

④刃具选择。刀具选择如表5-7所示。

表5-7 数控刀具明细表

零件图号	零件名称		材料		数控刀具明细表		程序编号		车间	使用设备
	模板		45钢							XK5032A 数控铣

序号	刀具号	刀具名称	刀具图号	刀具				刀补地址		换刀方式	加工部位
				直径		长度		直径	长度	自动/手动	
				设定	补偿	设定					
1	T01	面铣刀		φ125	0	0				手动	零件上表面
编制		审核		批准			年 月 日		共 页第 页		

（2）确定切削用量

切削用量的具体数值应根据机床性能、相关的手册并结合实际经验用类比方法确定,见表5-8。

（3）确定工件坐标系、对刀点和换刀点

确定以工件上表面左下角点为工件原点,建立工件坐标系。采用手动试切对刀方法,把点 O 作为对刀点。数控加工工序卡如表5-8所示。

表5-8 模柄零件数控加工工序卡片

单位名称	××		产品名称	零件名称	零件图号
			××	模板	××
工序号	程序编号		夹具名称	使用设备	车间
	01001		平口钳	XK5032A 数控铣	数控实训车间

工序简图:

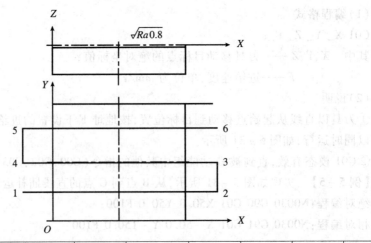

工步号	工步内容	刀具号	刀具规格 mm	主轴转速 n/(r/min)	进给量 f/(mm/r)	背吃刀量 a_p/mm	备注
1	装夹						手动
2	对刀,上表面左下角点			500			手动
3	粗铣上表面留0.5mm精加工余量	T01	φ125 面铣刀	800	200	1.5	自动
4	精铣上表面达尺寸及精度要求			1200	120	0.5	自动
编制	××	审核	××	批准	××	年 月 日	共1页 第1页

（4）基点运算

以工件上表面左下角点为工件原点为编程原点，基点值为绝对尺寸编程值。切削加工的基点计算值如表 5 - 9 所示。

表 5 - 9　切削加工的基点计算值

基点	1	2	3	4	5	6
X	- 70	370	370	- 70	- 70	370
Y	50	50	150	150	250	250

2. 程序编制

模板零件程序编制清单如表 5 - 10 所示。

表 5 - 10　模板零件程序编制清单（一）

程序	注释
01001	程序名（φ125 面铣刀）
N10 G54 G90 G94 S800 M03 T01；	设定工件坐标系，主轴转速为 800 r/min
N20 G00 X - 70 Y50；	快速移动点定位
Z - 1.5；	快速下降至 Z - 1.5 mm
N30 F200；	粗铣进给量 F = 200 mm/min
N40 G01 X370；	直线插补进给
Y150；	直线插补进给
X - 70；	直线插补进给
Y150；	直线插补进给
X370；	直线插补进给
N50 G00 Z20；	快速抬刀
X - 70 50；	快速移动点定位
Z - 2；	快速下降至 Z - 2 mm
N60 S1200 M03 F120；	主轴转速为 1 200 r/min，精铣进给量 F = 120 mm/min
N70 G01 X370；	直线插补进给
Y150；	直线插补进给
X - 70；	直线插补进给
Y150；	直线插补进给
X370；	直线插补进给
N80 G00 Z100；	快速抬刀
X0Y0；	快速移动点定位
N90 M05；	主轴停止
N100 M30；	程序结束，返回程序头

拓展训练　模板上表面铣削编程与操作

训练任务书　某单位现准备加工如图 5 - 32 所示零件的上表面，该件上表面留有 2 mm 加工余量。

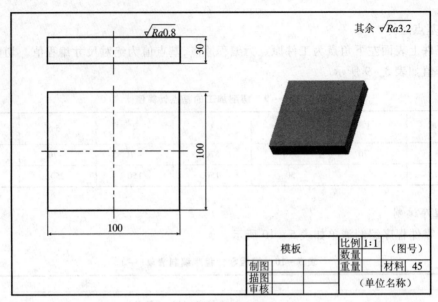

图 5 - 32　模板零件工程图

①任务要求:学生以小组为单位制定该件上表面铣削工艺并编制该零件的数控加工程序。

②学习目标:进一步掌握数控程序的编制方法及步骤,学习 G00/G01 等基本编程指令的应用。

任务2　外轮廓铣削编程与操作

项目任务书

某单位准备加工如图 5 - 33 所示零件的外轮廓,该件已完成上表面加工。

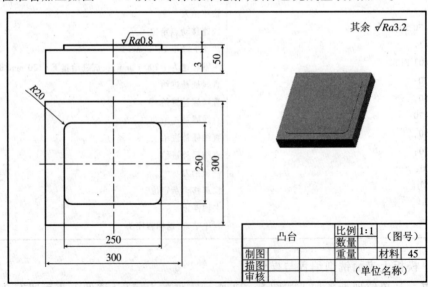

图 5 - 33　凸台零件工程图

①任务要求:制定该零件外轮廓铣削工艺并编制该零件的数控加工程序。

②学习目标:掌握数控程序的编制方法及步骤,学习 G02、G03、G17、G18、G19、G40、G41、

G42 等基本编程指令的应用。

🔬 **任务解析**

图 5 - 33 所示零件,上表面和外轮廓需要加工,加工精度较高。

①设零件毛坯尺寸为 300 × 300 × 50,上表面中心点为工艺基准,用平口钳夹持 300 × 300 处,使工件高出钳口 20 mm,一次装夹完成粗、精加工。

②加工顺序。加工顺序及路线见工序卡,工序卡如表 5 - 8 所示。

🕹 **知识准备**

在轮廓加工时,通常是按照零件图上的坐标尺寸进行编辑,如直接使用刀具进行加工,将产生过切,因此在轮廓加工时需设置刀具半径补偿,避免发生过切现象。

一、刀具半径补偿功能 G40、G41、G42

(1)指令格式

G41(G42)G01(G00)X_ Y_ Z_ D_;

G40 G01(G00)X_ Y_ Z_;

其中   X,Y,Z——刀补建立或取消的终点;

           G41——刀具半径左补偿,如图 5 - 34(a)所示;

           G42——刀具半径右补偿,如图 5 - 34(b)所示;

           G40——取消刀具半径补偿;

           D——刀补号码(D00 ~ D99),它代表了刀补表中对应的半径补偿值。

(2)说明

①在数控铣床上进行轮廓的铣削加工时,由于刀具半径的存在,所以刀具中心轨迹和工件轮廓不重合。如果系统没有半径补偿功能,则只能按刀心轨迹进行编程,即在编程时事先加上或减去刀具半径,其计算相当复杂,计算量大,尤其当刀具磨损、重磨或换新刀后,刀具半径发生变化时,必须重新计算刀心轨迹,修改程序,这样既烦琐,又不利于保证加工精度。当数控系统具备刀具半径补偿功能时,数控编程只需按工件轮廓进行,数控系统会自动计算刀心轨迹,使刀具偏离工件轮廓一个刀具半径值,即进行刀具半径补偿。

②G40、G41、G42 都是模态代码,可相互注销。

③需要注意的是,刀具半径补偿平面的切换必须在补偿取消方式下进行。

④刀具半径补偿的建立与取消只能用 G00 或 G01 指令,而不能是 G02 或 G03 指令。

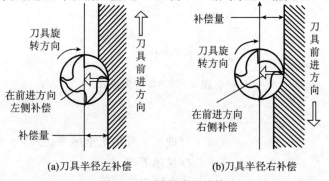

(a)刀具半径左补偿   (b)刀具半径右补偿

图 5 - 34   刀具半径补偿

（3）刀具半径补偿设置方法

①参数设置。在机床控制面板上，按 OFFSET 键，进入工具补正界面，在所指定的寄存器号内输入刀具半径值即可。如使用刀具半径为 R6 mm 时的设置，如图 5 –35 所示。

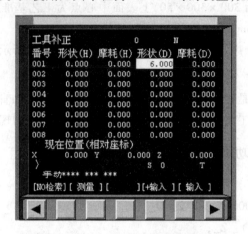

图 5 –35　刀具半径补偿的设置

②宏指令。用宏指令设定。以 φ12 的刀具为例，其设定程序为：

G65 H01 P #100 Q6；

G01 G41／ G42 X_ Y_ H # 100（D#100）F_；

……

【例 5 –6】　使用半径为 R6 mm 的刀具加工如图 5 –36 所示的零件，加工深度为 3 mm，加工程序编制如下：

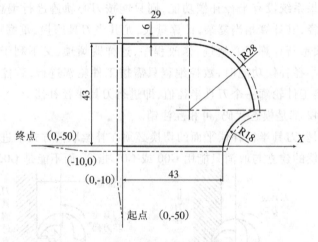

图 5 –36　零件图样

01002

G54 G90 T01　　　　　　　　　//进入 1 号加工坐标系，刀具号 T01 半径为 R6 mm

G00 Z40　　　　　　　　　　//快速下刀

M03 S500　　　　　　　　　//主轴启动

G01 X0 Y - 50	//到达 X,Y 坐标起始点
G01 Z - 3 F100	//到达 Z 坐标起始点
G01 G41 X0 Y - 10 D01	//建立右偏刀具半径补偿
G01 Y43	//切入轮廓
G01 X29	//切削轮廓
G02 X61 Y18 R28	//切削轮廓
G03 X43 Y0 R18	//切削轮廓
G01 X - 10	//切出轮廓
G01 G40 X - 50	//撤消刀具半径补偿
G00 Z40	//Z 坐标退刀
M05	//主轴停
M30	//程序停

设置 G54：X = - 500，Y = - 410，Z = - 321；D01 = 6。

二、刀具长度偏置指令 G43、G44、G49

（1）指令格式

G43（G44）G01（G00）Z_ H_；

G49 G01（G00）Z_ H_；

其中　X,Y,Z——刀补建立或取消的终点；

　　　　G43——表示刀具长度正补偿；

　　　　G44——表示刀具长度负补偿；

　　　　G49——取消刀具长度补偿；

　　　　H——刀具长度补偿偏置号（H00 ~ H99），它代表了刀具表中对应的长度补偿值。

（2）说明

①在加工中心、数控镗/铣床、数控钻床等刀具装在主轴上，由于刀具长度不同，装刀后刀尖所在位置不同，所以即使是同一把刀具，由于磨损、重磨变短，重装后刀尖位置也会发生变化。如果要用不同的刀具加工同一工件，则确定刀尖位置是十分重要的。为了解决这一问题，我们把刀尖位置都设在同一基准上，一般刀尖基准是刀柄测量线。编程时不用考虑实际刀具的长度偏差，只以这个基准进行编程，而刀尖的实际位置由 G43、G44 来修正。在加工中心上加工零件时，绝大多数时候要用到多把刀具，而且还要进行刀具自动交换，这样就必须对每把刀具或除基准刀具之外的所有刀具进行 Z 向的长度补偿。

②G43、G44、G49 都是模态代码，可相互注销。用 G43（正向偏置）、G44（负向偏置）指令设定偏置的方向。由输入的相应地址号 H 代码从刀具表（偏置存储器）中选择刀具长度偏置值。偏置号可用 H00 ~ H99 来指定，偏置值与偏置号对应，可通过 MDI 功能预先设置在偏置存储器中。

③无论采用绝对方式编程还是增量方式编程，对于存放在 H 中的数值，在 G43 时是与 NC 程序中的 Z 轴坐标相加；在 G44 时则是从 NC 程序中长度补偿轴运动指令的终点坐标值中减去，计算后的坐标值成为终点坐标值。

三、加工平面选择指令 G17/G18/G19

（1）指令格式

G17/G18/G19；

其中   G17——选择 XY 加工面加工；

   G18——选择 XZ 加工面加工；

   G19——选择 YZ 加工面加工。

（2）说明

G17/G18/G19 用于加工时选择切削平面。

四、圆弧插补 G02/G03

刀具沿圆弧轨迹从圆弧起始点移动到终点，G02 顺时针圆弧插补；G03 逆时针圆弧插补，如图 5-37 所示。

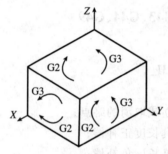

图 5-37   加工平面选择及 G02/G03 指令

🎯 注 意 ——————————————————————————————

沿着第三轴的负方向看圆弧的旋转方向，顺时针方向为顺圆插补用 G02 指令，反之用 G03。

（1）指令格式

①圆弧在 XY 加工面。

G17 G02（G03）G90（G91）X_ Y_ Z_ I_ J_ K_ F_；   圆心和终点编程

G17 G02（G03）G90（G91）X_ Y_ Z_ R_ F_；   半径和终点编程

②圆弧在 XZ 加工面。

G18 G02（G03）G90（G91）X_ Y_ Z_ I_ J_ K_ F_；   圆心和终点编程

G18 G02（G03）G90（G91）X_ Y_ Z_ R_ F_；   半径和终点编程

③圆弧在 YZ 加工面。

G19 G02（G03）G90（G91）X_ Y_ Z_ I_ J_ K_ F_；   圆心和终点编程

G19 G02（G03）G90（G91）X_ Y_ Z_ R_ F_；   半径和终点编程

其中 X、Y、Z ——圆弧终点的绝对坐标值；

   I、J、K ——圆弧起点到圆心点的矢量分量，正负同坐标轴方向；

   R ——圆弧半径。

（2）说明

①G02 和 G03 一直有效,直到被 G 功能组中其他的指令(G00,G01,…)取代为止。

②当同一程序段中同时出现 I、K 和 R 时,以 R 为优先,I、K 无效。

③I、K 值中若为 0 时,可省略不写。

④直线切削后面接圆弧切削,其 G 指令必须转换为 G02 或 G03,若再行直线切削时,则必须再转换为 G01 指令,这些是很容易被疏忽。

⑤当终点坐标与指定的半径值没有交于同一点时,会显示警示信息。

⑥R 数值前带"－"表明插补圆弧段大于 180°。

【例 5 - 7】　实现如图 5 - 38 所示,从 A 点到 B 点的圆弧插补运动,其程序段如下。

圆心坐标和终点坐标编程:

绝对编程:N0050 G90 G17 G02 X20.0 Y90.0 I0 J70.0 F120。

相对编程:N0050 G91 G17 G02 X - 70.0 Y70.0 I0 J70.0 F120。

终点和半径尺寸编程:

绝对编程:N0050 G90 G17 G02 X20.0 Y90.0 R70.0 F120。

相对编程:N0050 G91 G17 G02 X - 70.0 Y70.0 R70.0 F120。

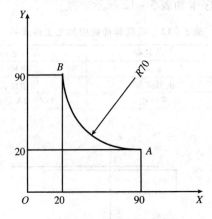

图 5 - 38　圆弧插补实例

🎇 任务实施

1. 数控加工工艺分析

（1）选择工装及刀具

①根据零件图样要求,选 XK5032A 型立式数控铣床。

②工具选择。工件采用平口钳装夹,试切法对刀,把刀偏值输入相应的刀具参数中。

③量具选择。轮廓尺寸用游标卡尺、千分尺、角尺、万能量角器等测量,表面质量用表面粗糙度样板检测,另用百分表校正平口钳及工件上表面。

④刀具选择。刀具选择如表 5 - 11 所示。

表 5 – 11　数控刀具明细表

零件图号	零件名称	材料	数控刀具明细表				程序编号	车间	使用设备
	凸模	45 钢							XK5032A 数控铣
序号	刀具号	刀具名称	刀具图号	刀具			刀补地址		换刀方式	加工部位

序号	刀具号	刀具名称	刀具图号	直径		长度	直径	长度	自动/手动	加工部位
				设定	补偿	设定				
1	T01	立铣刀		$\phi16$	20 8.2 8	0	D01 D02 D03		手动	零件外轮廓
编制		审核		批准			年　月　日		共　页第　页	

（2）确定切削用量

切削用量的具体数值应根据机床性能、相关的手册并结合实际经验用类比方法确定,见表 5 – 12。

（3）确定工件坐标系、对刀点和换刀点

确定以工件上表面中心点为工件原点,建立工件坐标系。采用手动试切对刀方法,把点 O 作为对刀点。数控加工工序卡如表 5 – 12 所示。

表 5 – 12　模柄零件数控加工工序卡片

单位名称	××	产品名称		零件名称	零件图号
		××		模板	××
工序号	程序编号	夹具名称		使用设备	车间
	01003	平口钳		XK5032A 数控铣	数控实训车间

工序简图:

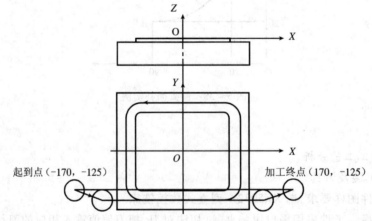

工步号	工步内容	刀具号	刀具规格 mm	主轴转速 $n/(r/min)$	进给量 $f/(mm/r)$	背吃刀量 a_p/mm	备注
1	装夹						手动
2	对刀,上表面中心点			500			手动
3	粗铣外轮廓留 0.2 mm 精加工余量	T01	$\phi16$ 立铣刀	800	160	2.8	自动
4	精铣外轮廓达尺寸及精度要求			1200	100	0.2	自动
编制	××	审核	××	批准	××	年　月　日	共1页　第1页

（4）基点运算

以工件上表面中心点为编程原点，基点值为绝对尺寸编程值。切削加工的基点计算值如表 5 – 13 所示。

表 5 – 13　切削加工的基点计算值

基点	1	2	3	4	5	6
X	−170	−160	105	125	125	105
Y	−125	−125	−125	−105	105	125
基点	7	8	9	10	11	12
X	−105	−125	−125	−105	160	170
Y	125	105	−105	−125	−125	−125

2. 程序编制

模板零件程序编制清单如表 5 – 14 所示。

表 5 – 14　模板零件程序编制清单（二）

程序	注释
01003	主程序名（φ16 圆柱立铣刀铣外轮廓）
N10 G54 G94 G40 S800 M03 T01；	设定工件坐标系，主轴正转转速为 800 r/min，必要的初始化
N20 G00 X −170 Y −125 Z20；	
G01 Z −2.8 F160；	快速移动点定位
N30 G01 G42 D01 X −160；	直线插补切削至 Z −2.8 mm
X105；	建立刀具半径左补偿进行粗铣，D01 = 20 mm
G03 X125 Y105 R20；	直线插补切削
G01 Y105；	逆时针圆弧插补
G03 X105 Y125 R20；	直线插补切削
X −105；	逆时针圆弧插补
G03 X −125 Y105 R20；	直线插补切削
Y −105；	逆时针圆弧插补
G03 X −105 Y −125 R20；	直线插补切削
G01 X160；	逆时针圆弧插补
N40 G00 Z20；	直线插补切削
N50 G00 G40 X −170；	快速抬刀
G00 X −170 Y −125；	快速移动点定位，取消刀具半径补偿
G01 Z −2.8 F160；	快速移动点定位
N60 G01 G42 D02 X −160；	直线插补切削至 Z −2.8 mm
X105；	建立刀具半径左补偿进行粗铣，D02 = 8.2 mm
G03 X125 Y105 R20；	直线插补切削
G01 Y105；	逆时针圆弧插补
G03 X105 Y125 R20；	直线插补切削
X −105；	逆时针圆弧插补
G03 X −125 Y105 R20；	直线插补切削
Y −105；	逆时针圆弧插补
G03 X −105 Y −125 R20；	直线插补切削
G01 X160；	逆时针圆弧插补
N70 G00 Z20；	直线插补切削

程序	注释
N80 G00 G40 X - 170;	快速抬刀
G00 X - 170 Y - 125;	快速移动点定位,取消刀具半径补偿
G01 Z - 3 F100;	快速移动点定位
N90 S1200 M03;	直线插补切削至 Z - 3 mm
N100 G01 G42 D01 X - 160;	精铣转速 1200r/min
X105;	建立刀具半径左补偿进行精铣,D01 = 20 mm
G03 X125 Y105 R20;	直线插补切削
G01 Y105;	逆时针圆弧插补
G03 X105 Y125 R20;	直线插补切削
X - 105;	逆时针圆弧插补
G03 X - 125 Y105 R20;	直线插补切削
Y - 105;	逆时针圆弧插补
G03 X - 105 Y - 125 R20;	直线插补切削
G01 X160;	逆时针圆弧插补
N110 G00 Z20;	直线插补切削
N120 G00 G40 X - 170;	快速抬刀
G00 X - 170 Y - 125;	快速移动点定位,取消刀具半径补偿
G01 Z - 3 F100;	快速移动点定位
N130 G01 G42 D03 X - 160;	直线插补切削至 Z - 3 mm
X105;	建立刀具半径左补偿进行精铣,D03 = 8 mm
G03 X125 Y105 R20;	直线插补切削
G01 Y105;	逆时针圆弧插补
G03 X105 Y125 R20;	直线插补切削
X - 105;	逆时针圆弧插补
G03 X - 125 Y105 R20;	直线插补切削
Y - 105;	逆时针圆弧插补
G03 X - 105 Y - 125 R20;	直线插补切削
G01 X160;	逆时针圆弧插补
N140 G00 Z20;	直线插补切削
N150 G00 G40 X - 170;	快速抬刀
G91 G28 Z0;	快速移动点定位,取消刀具半径补偿
N160 M05;	通过中间点返回参考点
Nl70 M30	主轴停止
	程序结束返回程序头

拓展训练 凸模外轮廓铣削编程与操作

训练任务书 某单位准备加工如图 5 - 39 所示零件的外轮廓,该件已完成上表面加工。

①任务要求:学生以小组为单位制定该零件外轮廓铣削工艺并编制该零件的数控加工程序。

②学习目标:掌握数控程序的编制方法及步骤,学习 G02、G03、G17、G18、G19、G40、G41、G42 等基本编程指令的应用。

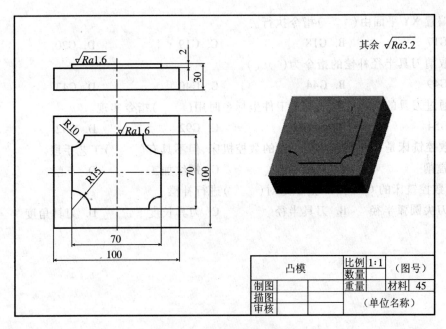

图 5 – 39　凸模零件工程图

复习与思考题

一、判断题

1. 立铣刀的刀位点是刀具中心线与刀具底面的交点。（　　）
2. 球头铣刀的刀位点是刀具中心线与球头球面交点。（　　）
3. 由于数控机床的先进性,因此任何零件均适合在数控机床上加工。（　　）
4. 换刀点应设置在被加工零件的轮廓之外,并要求有一定的余量。（　　）
5. 为保证工件轮廓表面粗糙度,最终轮廓应在一次走刀中连续加工出来。（　　）

二、选择题

1. 对数控铣床坐标轴最基本的要求是(　　)轴控制。
A. 2　　　　　　　B. 3　　　　　　　C. 4　　　　　　　D. 5

2. 在编程中,为使程序简洁,减少出错几率,提高编程工作的效率,总是希望以(　　)的程序段数实现对零件的加工。
A. 最少　　　　　B. 较少　　　　　C. 较多　　　　　D. 最多

3. ISO 标准规定增量尺寸方式的指令为(　　)。
A. G90　　　　　B. G91　　　　　C. G92　　　　　D. G93

4. 进给功能字 F 后的数字表示(　　)。
A. 每分钟进给量(mm/min)　　　　　B. 每秒钟进给量(mm/s)
C. 每转进给量(mm/r)　　　　　　　D. 螺纹螺距

5. 辅助功能 M03 代码表示(　　)。
A. 程序停止　　　B. 切削液开　　　C. 主轴停止　　　D. 主轴顺时转动

6. 偏置 XY 平面由( )指令执行。

A. G17 　　　　B. G18 　　　　C. G19 　　　　D. G20

7. 取消刀具半径补偿的指令为( )。

A. G49 　　　　B. G44 　　　　C. G40 　　　　D. G43

8. 通过刀具的当前位置来设定工件坐标系时用( )指令实现。

A. G54 　　　　B. G55 　　　　C. G92 　　　　D. G52

9. 数控铣床是一种加工功能很强的数控机床,但不具有( )工艺手段。

A. 镗削 　　　　B. 钻削 　　　　C. 螺纹加工 　　　　D. 车削

10. 数控铣床的 G41/G42 指令是对( )进行补偿。

A. 刀尖圆弧半径 　　B. 刀具半径 　　　　C. 刀具长度 　　　　D. 刀具角度

项目 6　槽腔铣削编程与操作

本 章 要 点

➤ 数控铣削编程基础知识及基本指令应用。

➤ 数控铣床加工实践知识。

➤ 槽腔铣削加工编程方法。

技 能 目 标

➤ 能够熟练制定槽腔铣削加工工艺并能正确编制数控加工程序。

➤ 能够熟练应用 M98/M99、G51/G50、G51.1/G50.1、G52、G68/G69、F、S、M 等指令编程。

➤ 掌握数控铣床的操作方法。

任务 1　槽铣削编程与操作

项目任务书

某单位准备加工如图 6 - 1 所示零件上的四个槽。

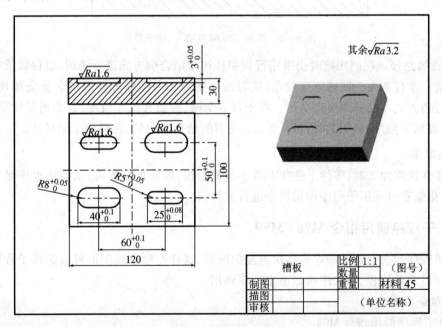

图 6 - 1　槽板零件图

①任务要求:制定该零件上槽铣削工艺并编制槽的数控加工程序。

②学习目标:掌握数控程序的编制方法及步骤,学习 M98/M99、G51/G50、G52 等基本编程指令的应用。

任务解析

如图6-1所示零件,上表面和4个槽要加工,加工精度较高。

①设零件毛坯尺寸为120×100×32 mm,上表面中心点为工艺基准,用平口钳夹持120×100 mm处,使工件高出钳口10 mm,一次装夹完成粗、精加工。

②加工顺序。该零件主要加工4个槽,槽的形状一样,可编写一个子程序,调用4次对槽进行加工。槽2、槽4尺寸比槽1、槽3尺寸大1.5倍,可采用比例缩放,然后调用子程序加工。子程序坐标系(局部坐标系)建立在槽的几何中心上,工件坐标系建立在工件几何中心上,用坐标系偏移指令将工件坐标系原点偏移到局部坐标系原点上再调用子程序,加工各个槽。其中单个槽加工工艺如下。

a. 圆弧切入、切出。槽加工与内轮廓加工类似无法沿轮廓延长线方向切入、切出,一般都沿槽内轮廓切向切入、切出。具体做法是沿内轮廓设置一过渡圆弧切入和切出工件轮廓,图6-2所示为加工槽时设置圆弧切入、切出路径。

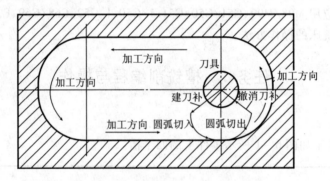

图6-2　槽加工时圆弧切入、切出路径

b. 铣削路径。铣削凹槽时仍采用行切和环切相结合的方式进行铣削,以保证能完全切除槽中余量。本任务由于凹槽宽度较小,铣刀沿轮廓加工一圈即可把槽中余量全部切除,故不需采用行切方式切除槽中多余余量。对于每一个槽,根据其尺寸精度、表面粗糙度要求,分为粗、精两道加工路线;粗加工时,留0.2 mm左右的精加工余量,再精加工至尺寸。

知识准备

在零件铣削加工时,零件上往往有很多重复结构,需要重复编辑,从而使程序显得比较复杂,为简化编程可采用子程序调用指令进行编程。

一、子程序调用指令 M98/M99

如果程序包含固定的顺序或多次重复的图形,这样的顺序或图形可以编成子程序在存储器中贮存以简化编程,子程序可以由主程序调用。

1. 指令格式

(1)子程序调用指令 M98

在主程序中,调用子程序的程序段应包含如下内容:

M98 P×××　××××。

在这里,地址P后面所跟的数字中,后面的四位用于指定被调用的子程序的程序号,前面的三位用于指定调用的重复次数。

【例 6 - 1】　M98 P55001;调用 5001 号子程序,重复 5 次。

　　　　　　　M98 P5002;调用 5002 号子程序,重复 1 次。

子程序调用指令可以和运动指令出现在同一程序段中。

【例 6 - 2】　G90 G00 X30.0 Y50.0 Z55.0 M98 P45003。

该程序段指令 X、Y、Z 三轴以快速定位进给速度运动到指令位置,然后调用执行 4 次 O5003 号子程序。

【例 6 - 3】　从主程序中调用子程序。

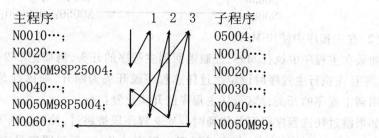

主程序	1　2　3	子程序
N0010…;		O5004;
N0020…;		N0010…;
N0030M98P25004;		N0020…;
N0040…;		N0030…;
N0050M98P5004;		N0040…;
N0060…;		N0050M99;

也可从子程序中调用子程序。

(2)返回主程序指令 M99

在子程序的结尾,返回主程序的指令 M99 是必不可少的。M99 可以不必出现在一个单独的程序段中,作为子程序的结尾,这样的程序段也是可以的。

【例 6 - 4】　G90 G00 X50.0 Y50.0 M99。

2. 说明

子程序的构成:

O × × × ×;　　子程序号

…;

…;

　　　　　 } 子程序内容

…;

…;

M99;　　　　返回主程序

一个完整的子程序由子程序号、程序内容、返回主程序指令 M99 组成。

当主程序调用子程序时它被认为是一级子程序,子程序调用可以嵌套 4 级如下所示。

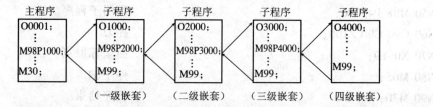

调用指令可以重复地调用子程序最多 999 次。

3. 特殊用法

(1)指定主程序中的顺序号作为返回的目标

当子程序结束时,如果用 P 指定一个顺序号,则控制不返回到调用程序段之后的程序段,而返回到由 P 指定的顺序号的程序段。但是,如果主程序运行于存储器方式以外的方式时,P

被忽略。

这个方法返回到主程序的时间比正常返回长。

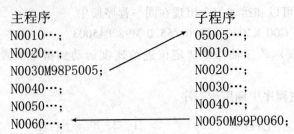

主程序	子程序
N0010…;	O5005…;
N0020…;	N0010…;
N0030M98P5005;	N0020…;
N0040…;	N0030…;
N0050…;	N0040…;
N0060…;	N0050M99P0060;

（2）在主程序中使用 M99

如果在主程序中执行 M99,控制返回到主程序的开头,例如把/M99 放置在主程序的适当位置,并且在执行主程序时设定跳过任选程序段开关为断开,则执行 M99。当 M99 执行时控制返回到主程序的开头,然后,从主程序的开头重复执行。

如果跳过任选程序段开关接通时,/M99 程序段被跳过,控制进到下个程序段,继续执行。

如果/M99Pn 被指令,控制不返回到主程序的开始,而到顺序号 n。在这种情况下,返回到顺序号 n 需要较长的时间。

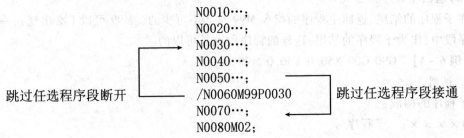

跳过任选程序段断开
```
N0010…;
N0020…;
N0030…;
N0040…;
N0050…;
/N0060M99P0030
N0070…;
N0080M02;
```
跳过任选程序段接通

【例 6-5】 如图 6-3 所示零件,选择 φ8 mm 的键槽铣刀加工,半径补偿号 D01,试编写该图加工程序。

O0010	主程序
N10 G54 G90 G17 G21 G40;	程序初始化
N20 S800 M03;	开主轴正转
N30 G00 X-5 Y-10 M08;	快速点定位
N40 Z-3;	下刀到切深
N50 M98 P45006;	调用子程序
N60 G90 G00 Z100;	提刀
N70 X0 Y0;	回坐标原点
N80 M05;	停主轴
N90 M30;	程序结束
O5006	子程序
N10 G91 G00 X20;	定位
N20 G41 G01 X5 D01 F100;	建立刀具半径左补偿
N30 Y90;	加工
N40 X-10;	

N50 Y – 90；

N60 G40 G01 X5 ；　　　　　　　　　　撤消刀补

N70 M99；　　　　　　　　　　　　　　返回主程序

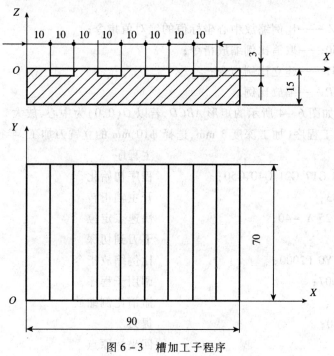

图 6 – 3 　槽加工子程序

二、比例缩放指令 G51/G50

零件编程时图形形状相同,尺寸不同时,可用比例缩放指令简化编程。比例缩放可以在程序中指定,也可以用参数指定比例,如图 6 – 4 所示。

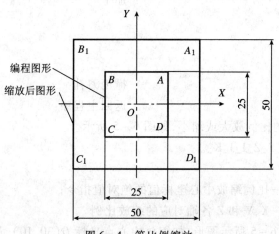

图 6 – 4 　等比例缩放

（1）指令格式

①沿所有轴以相同的比例放大或缩小，如图6-4所示。编程格式：

G51 X_Y_Z_P_；

G50；

其中　X、Y、Z——比例缩放中心坐标值的绝对值指令；

　　　　G50——取消比例缩放指令；

　　　　G51——建立比例指令；

　　　　P——缩放比例。

【例6-6】　如图6-4所示的矩形 *ABCD*，若以 *O*(0,0)为中心，放大2倍，试编写放大图形 $A_1B_1C_1D_1$ 的加工程序（加工深度3 mm，选择 ϕ10 mm 的立铣刀加工，半径补偿号 D01）。

O0020	主程序
N10 G54 G90 G17 G21 G40 G50；	程序初始化
N20 S800 M03；	开主轴正转
N30 G00 X－25 Y－40；	快速点定位
N40 Z－3；	下刀到切深
N50 G51 X0 Y0 P2000；	比例缩放指令
N60 M98 P5007；	调用子程序
N70 G50；	撤消比例缩放
N80 G00 Z100；	提刀
N90 X0 Y0；	回坐标原点
N100 M05；	停主轴
N110 M30；	程序结束
O5007	子程序
N10 G41 G01 X－25 Y－30 D01 F130；	建立刀具半径左补偿
N20 Y25；	加工
N30 X25；	
N40 Y－25；	
N50 X－30；	
N60 G40 X－40；	撤消刀补
N70 M99；	返回主程序

②沿各轴以不同的比例放大或缩小，如图6-5所示。

编程格式：G51 X_Y_Z_I_J_K_。

　　　　　G50；

其中　X、Y、Z——比例缩放中心坐标值的绝对值指令；

　　　　I、J、K——X、Y 和 Z 各轴对应的缩放比例。

【例6-7】　如图6-5所示图形，如缩放中心点坐标 *O*(30,10)，*X* 轴缩放比例为 *b/a* 为1.5，*Y* 轴缩放比例为 *d/c* 为2.5，则缩放程序为：

G51 X30 Y10 I1.5 J2.5。

执行该程序，系统将按 *a*、*c* 尺寸自动计算出放大图形 *b*、*d* 尺寸，从而获得 *X* 方向放大1.5

倍，Y 方向放大 2.5 倍的图形。

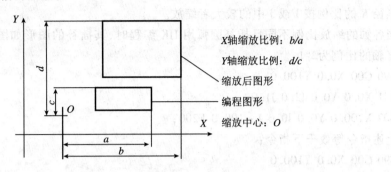

X 轴缩放比例：b/a

Y 轴缩放比例：d/c

缩放后图形

编程图形

缩放中心：O

图 6 - 5　各轴按不同比例缩放

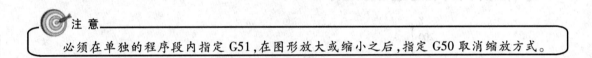

注 意

必须在单独的程序段内指定 G51，在图形放大或缩小之后，指定 G50 取消缩放方式。

（2）说明

①以相同比例沿所有轴放大或缩小。如果执行缩放的坐标轴比例 P 未在程序 G51 X_Y_ Z_P_中指定，则使用系统参数中设定的比例，如果省略 X、Y 和 Z，则 G51 指令的刀具中心点位置作为缩放中心。

②圆弧插补的比例缩放。对圆弧插补的各轴指定不同的缩放比例，刀具也不画出椭圆轨迹。当各轴的缩放比不同，圆弧插补用半径 R 编程时，其插补的图形如图 6 - 6 所示，其中 X 轴和 Y 轴的比例为2∶1。

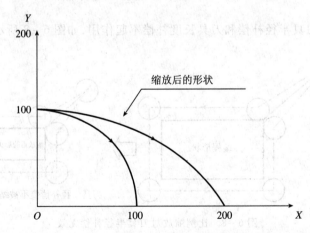

缩放后的形状

图 6 - 6　圆弧插补各轴按不同比例缩放

G90 G00 X0.0 Y100.0；

G51 X0.0 Y0.0 I2.0 J1.0；

G02 X100.0 Y0.0 R100.0 F200；

上述指令等效于下述指令：

G90 G00 X0.0 Y100.0

G02 X200.0 Y0.0 R200.0 F200；

半径 R 的比例按 I 或 J 中的较大者缩放。

当各轴的缩放比例不同且插补圆弧用 IJK 编程时，其插补的图形如图 6-7 所示，其中 X 轴和 Y 轴的比例为2:1。

G90 G00 X0.0 Y100.0；

G51 X0.0 Y0.0 I2.0 J1.0；

G02 X100.0 Y0.0 I0.0 J-100.0 F200；

上述指令等效于下指令：

G90 G00 X0.0 Y100.0

G02 X200.0 Y0.0 I0.0 J-100.0 F200；

此时，终点不在半径上，包括直线段。

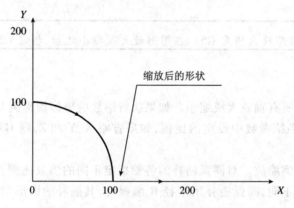

图 6-7　圆弧插补各轴按不同比例缩放

③比例缩放对刀具半径补偿和刀具长度补偿不起作用，如图 6-8 所示。

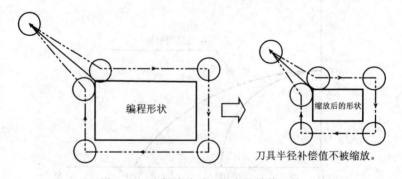

图 6-8　比例缩放对刀具半径补偿无效

④在固定循环中，比例缩放对 Z 轴的移动，深孔钻循环 G83、G73 的切入值 Q 和返回值 d，精镗循环 G75，背镗循环 G87 中 X 轴和 Y 轴的偏移值 Q，手动运行时移动距离无效。

⑤在缩放状态下不能执行返回参考点 G27～G30 等指令，不能执行坐标系 G52～G59、G92 等指令，若必须执行这些 G 代码应在取消缩放功能后指定。

三、局部坐标系指令 G52

如果工件在不同位置有重复出现的形状或结构,可把这一部分形状或结构编写成子程序,主程序在适当的位置调用,即可加工出相同的形状和结构,从而简化编程。而编写子程序时不可能用工件坐标系,必须重新建立一个子程序的坐标系,这种在工件坐标系中建立的子坐标系称为局部坐标系。

如图 6-9 所示,加工四个矩形槽,用子程序编程,方便快捷,工件坐标系 XOY 设置在工件上表面中心;而子程序坐标系,局部坐标系则应设置在槽中心,即 O_1、O_2、O_3、O_4 点上,子程序中基点坐标是相对于局部坐标系而言,其坐标值计算方便、快捷。

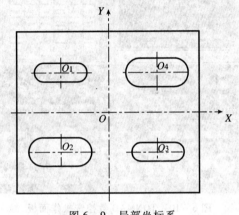

图 6-9 局部坐标系

通过编程将工件坐标系原点偏移到需要的位置,如偏移到局部坐标系原点上,使工件坐标系与局部坐标系重合。

(1)指令格式

G52 X_Y_Z_; 坐标系偏移

G52 X0 Y0 Z0; 取消坐标系偏移

其中 X、Y、Z——为工件坐标系中 X、Y、Z 轴方向偏移值(或局部坐标系原点在工件坐标系中的坐标值)。

【例 6-8】 将图 6-9 中工件坐标系分别偏移到槽 1 和槽 2 几何中心上,并将刀具移动到局部坐标系原点处。

O0030

N10 G54 G00 X0 Y0; 刀具移动到工件坐标系原点 O 点处

N20 G52 X -30 Y25 Z0; 将工件坐标系偏移到 X -30 Y -25 处

N30 G00 X0 Y0; 在局部坐标系中,刀具移动到 X0 Y0 处,即槽 1 几何中心点

N40 G52 X -30 Y -25 Z0; 将工件坐标系偏移到 X -30 Y -25 处

N50 G00 X0 Y0; 在局部坐标系中,刀具移动到 X0 Y0 处,即槽 2 几何中心点

N60 G52 X0 Y0 Z0; 取消坐标系偏移

N70 G00 X0 Y0; 刀具移动到工件坐标系原点 O 点处

(2)说明

①坐标系偏移指令要求为一个独立程序段。

②坐标系偏移指令可以对所有坐标轴零点进行偏移。

③后面的偏移指令取代先前的偏移指令。

④坐标系偏移指令有多种,例如 G54、G55 等。

四、机床操作面板认识

图 6－10 所示为 FANUC 0I TONMAC 数控铣操作面板。

图 6－10　TONMAC 数控铣操作面板

（1）MDI 键盘说明

图 6－10 所示为 FANUC 0I 系统的 CRT 界面（左半部分）和 MDI 键盘（右半部分）。MDI 键盘用于程序编辑、参数输入等功能。MDI 键盘上各个键的功能列于表 6－1。

表 6－1　MDI 键盘上键的功能

MDI 软键	功能
PAGE↑ PAGE↓	软键 PAGE↑ 实现左侧 CRT 中显示内容的向上翻页;软键 PAGE↓ 实现左侧 CRT 显示内容的向下翻页
↑ ↓ ← →	移动 CRT 中的光标位置。软键 ↑ 实现光标的向上移动;软键 ↓ 实现光标的向下移动;软键 ← 实现光标的向左移动;软键 → 实现光标的向右移动
O N G R X U Y V Z W M S T K F L H D EOB E	实现字符的输入,点击 SHIFT 键后再点击字符键,将输入右下角的字符。例如,点击 O_P 将在 CRT 的光标所处位置输入“O”字符,点击软键 SHIFT 后再点击 O_P 将在光标所处位置处输入 P 字符;软键中的“EOB”将输入“;”号表示换行结束
7 8 9 4 5 6 1 2 3 - 0 .	实现字符的输入,例如,点击软键 5^^ 将在光标所在位置输入“5”字符,点击软键 SHIFT 后再点击 5^^ 将在光标所在位置处输入“]”
POS	在 CRT 中显示坐标值

续上表

MDI 软键	功能
PROG	CRT 将进入程序编辑和显示界面
OFFSET SETTING	CRT 将进入参数补偿显示界面
SYSTEM	本软件不支持
MESSAGE	本软件不支持
CUSTOM GRAPH	在自动运行状态下将数控显示切换至轨迹模式
SHIFT	输入字符切换键
CAN	删除单个字符
INPUT	将数据域中的数据输入到指定的区域
ALTER	字符替换
INSERT	将输入域中的内容输入到指定区域
DELETE	删除一段字符
HELP	本软件不支持
RESET	机床复位

（2）面板操作按钮

FANUC 0I TONMAC 数控铣操作面板，如图 6 - 10 下部所示，各个键的功能列于表 6 - 2。

表 6 - 2　面板操作按钮的功能

按钮	名字	功能说明
接通	接通	开电源
断开	断开	关电源
循环启动	循环启动	程序运行开始；系统处于"自动运行"或"MDI"位置时按下有效，其余模式下使用无效
进给保持	进给保持	程序运行暂停，在程序运行过程中，按下此按钮运行暂停。按"循环启动"恢复运行
跳步	跳步	此按钮被按下后，数控程序中的注释符号"/"有效
单段	单段	此按钮被按下后，运行程序时每次执行一条数控指令
空运行	空运行	系统进入空运行状态
锁定	锁定	锁定机床
选择停	选择停	点击该按钮，"M01"代码有效

按钮	名字	功能说明
	急停	按下急停按钮,使机床移动立即停止,并且所有的输出如主轴的转动等都会关闭
	机床复位	复位机床
+X	X 正方向按钮	手动状态下,点击该按钮将向 X 轴正方向进给
-X	X 负方向按钮	手动状态下,点击该按钮将向 X 轴负方向进给
+Y	Y 正方向按钮	手动状态下,点击该按钮将向 Y 轴正方向进给
-Y	Y 负方向按钮	手动状态下,点击该按钮将向 Y 轴负方向进给
+Z	Z 正方向按钮	手动状态下,点击该按钮将向 Z 轴正方向进给
-Z	Z 负方向按钮	手动状态下,点击该按钮将向 Z 轴负方向进给
停止	停止	主轴停止
正转	正转	主轴正转
反转	反转	主轴反转
方式选择	编辑	进入编辑模式,用于直接通过操作面板输入数控程序和编辑程序
	自动	进入自动加工模式
	MDI	进入 MDI 模式,手动输入并执行指令
	手动	手动方式,连续移动
	手轮	手轮移动方式
	快速	手动快速模式
	回零	回零模式
	DNC	进入 DNC 模式,输入输出资料
	示教	本软件不支持
	主轴速率修调	将光标移至此旋钮上后,通过点击鼠标的左键或右键来调节主轴倍率
	进给速率修调	调节运行时的进给速度倍率
	手轮轴选择	在手轮模式时选择进给轴方向
	手轮轴倍率	将光标移至此旋钮上后,通过点击鼠标的左键或右键来调节手轮步长。X1、X10、X100 分别代表移动量为 0.001 mm、0.01 mm、0.1 mm
	手轮	将光标移至此旋钮上后,通过点击鼠标的左键或右键来转动手轮

五、启动和关闭机床

（1）激活机床

点击【接通】按钮![接通]打开电源。

检查【急停】按钮是否松开至![急停]状态，若未松开，点击【急停】按钮![急停]（实际操作时按箭头方向旋转），将其松开。

（2）机床回零参考点

检查操作面板上机床操作模式选择旋钮是否指向【回零】![方式选择]，则已进入回原点模式；若不在回零状态则调节旋钮指向回零模式，转入回零模式。

在回原点模式下，点击![+Z]，此时 Z 轴将回原点，Z 轴回原点灯变亮![Z]，CRT 上的 Z 坐标变为"0.000"。同样，再分别点击![+X]，![+Y]，此时 X 轴，Y 轴将回原点，X 轴，Y 轴回原点灯变亮，![XYZIV]。此时 CRT 界面如图 6 - 11 所示。

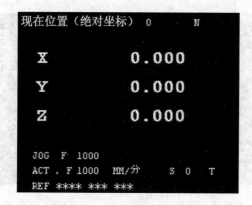

图 6 - 11 机床回零界面显示

六、程序编辑及程序输入

（1）导入数控程序

数控程序可以通过记事本或写字板等编辑软件输入并保存为文本格式（＊.txt 格式）文件，也可直接用 FANUC 0I 系统的 MDI 键盘输入。

模式选择旋钮置于【编辑】挡，此时已进入编辑状态。点击 MDI 键盘上的![PROG]，CRT 界面转入编辑页面。再按菜单软键【操作】，在出现的下级子菜单中按软键![▶]，在弹出的对话框（如图 6 - 12）中选择所需的 NC 程序，按【打开】确认，按菜单软键【READ】，转入如图 6 - 13 所示界面，点击 MDI 键盘上的数字/字母键，输入【Ox】（x 为任意不超过四位的数字），按软键【EX-EC】；则数控程序被导入并显示在 CRT 界面上。

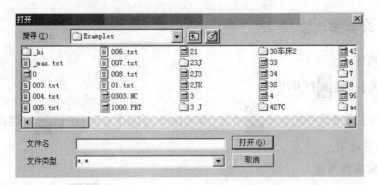

图 6 – 12 "打开"对话框

（2）数控程序管理

①显示数控程序目录。模式选择旋钮置于【编辑】挡，此时已进入编辑状态。点击 MDI 键盘上的 ，CRT 界面转入编辑页面。按菜单软键【LIB】，数控程序名列表显示在 CRT 界面上，如图 6 – 14 所示。

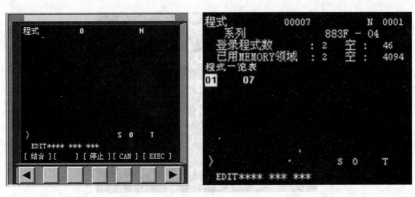

图 6 – 13　程序输入界面　　　　图 6 – 14　列表显示界面

②选择一个数控程序。经过导入数控程序操作后，点击 MDI 键盘上的 ，CRT 界面转入编辑页面。利用 MDI 键盘输入"Ox"（x 为数控程序目录中显示的程序号），按 键开始搜索，搜索到后"Ox"显示在屏幕首行程序号位置，NC 程序将显示在屏幕上。

③删除一个数控程序。模式选择旋钮置于【编辑】挡，此时已进入编辑状态。利用 MDI 键盘输入"Ox"（x 为要删除的数控程序在目录中显示的程序号），按 键，程序即被删除。

④新建一个 NC 程序。模式选择旋钮置于【编辑】挡，此时已进入编辑状态。点击 MDI 键盘上的 ，CRT 界面转入编辑页面。利用 MDI 键盘输入"Ox"（x 为程序号，但不能与已有程序号的重复）按 键，CRT 界面上将显示一个空程序，可以通过 MDI 键盘开始程序输入。输入一段代码后，按 键则数据输入域中的内容将显示在 CRT 界面上，用回车换行键 结束一行的输入后换行。

⑤删除全部数控程序。模式选择旋钮置于【编辑】挡，此时已进入编辑状态。点击 MDI 键盘上的 ，CRT 界面转入编辑页面。利用 MDI 键盘输入"O – 9999"，按 键，全部数控程

序即被删除。

（3）数控程序处理

模式选择旋钮置于【编辑】档，此时已进入编辑状态。点击 MDI 键盘上的 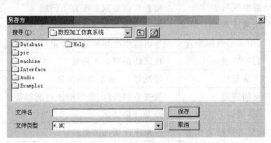...

模式选择旋钮置于【编辑】档，此时已进入编辑状态。点击 MDI 键盘上的 PROG，CRT 界面转入编辑页面。选定了一个数控程序后，此程序显示在 CRT 界面上，可对数控程序进行编辑操作。

①移动光标。按 PAGE↑ 和 PAGE↓ 用于翻页，按方位键 ↑ ↓ ← → 移动光标。

②插入字符。先将光标移到所需位置，点击 MDI 键盘上的数字/字母键，将代码输入到输入域中，按 INSERT 键，把输入域的内容插入到光标所在代码后面。

③删除输入域中的数据。按 CAN 键用于删除输入域中的数据。

④删除字符。先将光标移到所需删除字符的位置，按 DELETE 键，删除光标所在的代码。

⑤查找。输入需要搜索的字母或代码；按 ↓ 开始在当前数控程序中光标所在位置后搜索。（代码可以是一个字母或一个完整的代码，例如："N0010"，"M"等。）如果此数控程序中有所搜索的代码，则光标停留在找到的代码处；如果此数控程序中光标所在位置后没有所搜索的代码，则光标停留在原处。

⑥替换。先将光标移到所需替换字符的位置，将替换成的字符通过 MDI 键盘输入到输入域中，按 ALTER 键，把输入域的内容替代光标所在处的代码。

（4）保存程序

编辑好程序后需要进行保存操作。

模式选择旋钮置于【编辑】挡，此时已进入编辑状态。按菜单软键【操作】，在下级子菜单中按菜单软键【Punch】，在弹出的对话框中输入文件名，选择文件类型和保存路径，按【保存】按钮，如图 6-15 所示。

图 6-15　"另存为"对话框

七、数控铣床安全操作规程

为了正确合理地使用数控铣床，保证机床正常运转，必须制定比较完善的数控铣床操作规程，通常包括以下内容：

①机床通电后，检查各开关、按钮、按键是否正常、灵活，机床有无异常现象。

②检查电压、气压、油压是否正常，有手动润滑的部位先要进行手动润滑。

③检查各坐标轴是否回参考点，限位开关是否可靠；若某轴在回参考点前已在参考点位

置,应先将该轴沿负方向移动一段距离后,再手动回参考点。

④机床开机后应空运转5分钟以上,使机床达到热平衡状态。

⑤装夹工件时应定位可靠,夹紧牢固,所用螺钉、压板是否妨碍刀具运动,以及零件毛坯尺寸是否有误。

⑥数控刀具选择正确,夹紧牢固,刀具应根据程序要求,依次装入刀库。

⑦首件加工应采用单段程序切削,并随时注意调节进给倍率控制进给速度。

⑧试切削和加工过程中,更换刀具后,一定要重新对刀。

⑨加工结束后应清扫机床并加防锈油。

⑩停机时应将各坐标轴停在中间位置。

八、数控铣床日常维护及保养

为了保证机床正常运转,必须对数控铣床进行日常维护及保养,通常包括以下内容:

①保持机床良好的润滑状态,定期检查、清洗自动润滑系统,增加或更换油脂、油液,使丝杠、导轨等各运动部位始终保持良好的润滑状态,以减小机械磨损。

②经常进行机械精度的检查调整,以减少各运动部件之间的装配精度。

③经常清扫。周围环境对数控机床影响较大,如粉尘会被电路板上静电吸引,而产生短路现象;油、气、水过滤器、过滤网太脏,会发生压力不够、流量不够、散热不好,造成机、电、液部分的故障等。数控铣床日常维护内容如表6-3所示。

表6-3 数控铣床日常维护内容

序号	检查周期	检查部位	检查要求
1	每天	机床导轨面	清除切屑及脏物,导轨面有无划伤
2	每天	导轨润滑油箱	检查油标、看油量是否充足,检查油泵能否定时起动供油及停止
3	每天	主轴润滑恒温油箱	工作正常,油量充足并能调节温度范围
4	每天	压缩空气压力	检查气动控制系统有无问题
5	每天	机床液压系统	油箱、液压泵有无异常,压力指示是否正常,管路及各接头有无泄漏
6	每天	各种电气柜散热通风装置	各电气柜冷却风扇工作正常,风道过滤网无堵塞
7	每天	防护装置	机床防护罩有无松动
8	每半年	滚珠丝杠	清洗丝杠,涂上新润滑脂
9	不定期	切削液箱	检查液面高度,经常清洗过滤器等
10	不定期	排屑器	经常清理切屑
11	不定期	调整主轴驱动带松紧程度	按机床说明书调整
12	不定期	检查各轴导轨上镶条	按机床说明书调整

④尽量少开数控柜和强电柜的门。车间空气中一般都含有油雾、潮气和灰尘。一旦它们落在数控装置内的电路板或电子元器件上,容易引起元器件间绝缘电阻下降,并导致元器件的损坏。

⑤定时清理数控装置的散热通风系统。散热通风口过滤网上灰尘积聚过多,会引起数控装置内温度过高(一般不允许超过55°),致使数控系统工作不稳定,甚至发生过热报警。

⑥经常监视数控装置电网电压。数控装置允许电网电压在额定值的±10%范围内波动。如果超过此范围就会造成数控系统不能正常工作,甚至引起数控系统内某些元器件损坏。为此,需要经常监视数控装置的电网电压。电网电压质量差时,应加装电源稳压器。

注 意

　　数控机床长期不用时也应定期进行维护保养,至少每周通电空运行一次,每次不少于1小时,特别是在环境温度较高的雨季更应如此,利用电子元器件本身的发热来驱散数控装置内的潮气,保证电子部件性能的稳定可靠。

任务实施

　　1. 数控加工工艺分析

　　(1)选择工装及刀具

　　①根据零件图样要求,选 XK5032A 型立式数控铣床。

　　②工具选择　工件采用平口钳装夹,试切法对刀,把刀偏值输入相应的刀具参数中。

　　③量具选择　轮廓尺寸、槽间距用游标卡尺测量,深度尺寸用深度游标卡尺测量,表面质量用表面粗糙度样板检测,另用百分表校正平口钳及工件上表面。

　　④刀具选择　刀具选择如表6-4所示。

表6-4　数控刀具明细表

零件图号		零件名称		材料	数控刀具明细表		程序编号	车间	使用设备
		模板		45 钢					XK5032A 数控铣
序号	刀具号	刀具名称	刀具图号	刀具			刀补地址	换刀方式	加工部位
				直径		长度	直径	长度	自动/手动	
				设定	补偿	设定				
1	T01	面铣刀		φ125	0				手动	零件上表面
2	T02	键槽铣刀		φ8	4.2		D01	H01	手动	槽1、槽3
3	T03	立铣刀		φ8	4		D02	H02	手动	槽1、槽3
4	T04	键槽铣刀		φ12	6.2		D03	H03	手动	槽2、槽4
5	T05	立铣刀		φ12	6		D04	H04	手动	槽2、槽4
编制		审核		批准		年　月　日		共　页	第　页	

　　(2)确定切削用量

　　切削用量的具体数值应根据机床性能、相关的手册并结合实际经验用类比方法确定,如表6-5所示。

　　(3)确定工件坐标系、对刀点和换刀点

　　确定以工件上表面中心点为工件原点,建立工件坐标系。采用手动试切对刀方法,把点 O 作为对刀点。数控加工工序卡如表6-5所示。

表6-5　型腔零件数控加工工序卡片

单位名称		××	产品名称		零件名称	零件图号
			××		型腔	××
工序号	程序编号		夹具名称	使用设备		车间
	OO040		平口钳	XK5032A 数控铣		数控实训车间

工序简图：

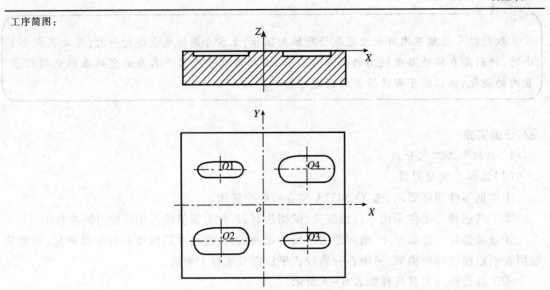

工步号	工步内容	刀具号	刀具规格 mm	主轴转速 $n/(r/min)$	进给量 $f/(mm/r)$	背吃刀量 a_p/mm	备注
1	装夹						手动
2	对刀，上表面中心点			500			手动
3	粗铣上表面留 0.5 mm 精加工余量	T01	$\phi125$ 面铣刀	800	200	1.5	自动
4	精铣上表面达尺寸及精度要求			1200	120	0.5	自动
5	粗铣槽1、槽3留 0.2 mm 精加工余量	T02	$\phi8$ 键槽铣刀	500	150	2.8	自动
6	精铣槽1、槽3达尺寸及精度要求	T03	$\phi8$ 立铣刀	800	100	0.2	自动
7	粗铣槽2、槽4留 0.2 mm 精加工余量	T04	$\phi12$ 键槽铣刀	500	150	2.8	自动
8	精铣槽2、槽4达尺寸及精度要求	T05	$\phi12$ 立铣刀	800	100	0.2	自动
编制	×× 审核 ×× 批准 ××		年 月 日		共1页		第1页

（4）基点运算

以工件上表面的中心点为编程原点，槽加工时分别以槽的中心点为局部坐标系原点，下面按槽1来计算基点，编写子程序，槽1如图6－16所示，切削加工的基点计算值如表6－6所示。

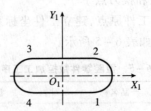

图6－16　槽1局部坐标系

表 6 - 6　切削加工的基点计算值

基点	1	2	3	4
X	7.5	7.5	- 7.5	- 7.5
Y	- 5	5	5	- 5

2. 程序编制

槽板零件程序编制清单如表 6 - 7 所示。

表 6 - 7　槽板零件程序编制清单

主程序	注释
O0040	主程序名
N10 G54 G90 G00 S800 M03 T01;	主轴安装 T01 号刀具,粗铣上表面,留余量 0.5 mm
N20 G00 X - 100 Y0;	快进至 X - 100,Y0 处
N30　　Z5;	快进至 Z5 处
N40 G01 Z - 1.5 F200;	工进至 Z - 1.5 处
N50　　X100;	粗铣工件上表面
N60 M00;	程序暂停
N70 S1200 M03;	精铣转速 1200
N80 G01 Z - 2 F120;	工进至 Z - 2 表面
N90　　X - 100;	精铣上表面
N100 G00 Z200 M05;	快速抬刀至 Z200 处,主轴停止
N110 M00;	程序暂停
N120 T02;	手动换 T02 刀具
N130 M03 S500 F150;	主轴正转
N140 G52 X - 30 Y25;	选用 O_1 点为局部坐标系
N150 G43 G00 Z50 H01;	建立刀具长度补偿
N160 D01 M98 P5008;	调用子程序 O5002,粗铣 1#键槽,D01 = 4.2 mm
N170 G52 X30 Y - 25;	选用 O_3 点为局部坐标系
N180 D01 M98 P5008;	调用子程序 O5002,粗铣 3#键槽,D01 = 4.2 mm
N190 M05;	主轴停止
N200 M00;	程序暂停
N210 T04;	手动换 T04 刀具
N220 M03 S500 F150;	主轴正转
N230 G52 X - 30 Y - 25 ;	选用 O_2 点为局部坐标系
N240 G43 G00 Z50 H03;	建立刀具长度补偿
N250 G51 X0 Y0 I1.5 J1.5	坐标缩放
N260 D03 M98 P5008;	调用子程序 O5002,粗铣 2#键槽,D03 = 6.2 mm
N270 G50;	取消坐标缩放
N280 G52 X30 Y25;	选用 O_4 点为局部坐标系
N290 G51 X0 Y0 I1.5 J1.5;	坐标缩放
N300 D03 M98 P5008;	调用子程序 O5002,粗铣 4#键槽,D03 = 6.2 mm
N310 G50;	取消坐标缩放
N320 G52 X0 Y0;	取消局部坐标系
N330 M00;	程序暂停
N340 T03;	手动换 T03 刀具
N350 M03 S800 F100;	主轴正转

主程序	注释
N360 G52 X – 30 Y25；	选用 O_1 点为局部坐标系
N370 G43 G00 Z50 H02；	建立刀具长度补偿
N380 D02 M98 P5008；	调用子程序 O5002，精铣 1#键槽，D02 = 4 mm
N390 G52 X30 Y – 25；	选用 O_3 点为局部坐标系
N400 D02 M98 P5008；	调用子程序 O5002，精铣 3#键槽，D02 = 4 mm
N410 M05；	主轴停止
N420 M00；	程序暂停
N430 T05；	手动换 T05 刀具
N440 M03 S800 F100；	主轴正转
N450 G52 X – 30 Y – 25 ；	选用 O_2 点为局部坐标系
N460 G43 G00 Z50 H04；	建立刀具长度补偿
N470 G51 X0 Y0 I1.5 J1.5	坐标缩放
N480 D04 M98 P5008；	调用子程序 O5002，精铣 2#键槽，D04 = 6 mm
N490 G50；	取消坐标缩放
N500 G52 X30 Y25；	选用 O_4 点为局部坐标系
N510 G51 X0 Y0 I1.5 J1.5；	坐标缩放
N520 D04 M98 P5008；	调用子程序 O5002，精铣 4#键槽，D04 = 6 mm
N530 G50；	取消坐标缩放
N540 G52 X0 Y0；	取消局部坐标系
N550 M05；	主轴停止
N560 M30；	主程序结束
子程序	注释
O5008	子程序名
N10 G00 X7.5 Y0 Z100 M03；	刀具快速定位
N20　Z5 M08；	快进工件上表面 Z5 处
N30 G01 Z – 5；	下刀到槽底
N40 G41 X5 Y – 2.5；	建立刀具半径左补偿
N50 G03 X7.5 Y – 5 R2.5；	开始铣削键槽，沿 R2.5 圆弧逆时针切入
N60　Y5 R5；	逆时针铣键槽
N70 G01 X – 7.5；	铣键槽
N80 G03 Y – 5 R5；	铣键槽左侧半圆弧
N90 G01 X7.5；	铣键槽结束
N100 G03 X7.5 Y0 R2.5；	沿 R2.5 圆弧线切出
N110 G40 G01 X0 Y0；	取消刀具半径左补偿
N120 G49 G00 Z200 M09 M05；	快速抬刀，取消刀具长度补偿
N130 M99；	子程序结束

拓展训练　圆弧槽铣削编程与操作

训练任务书　某单位准备加工如图 6 – 17 所示零件上的槽。

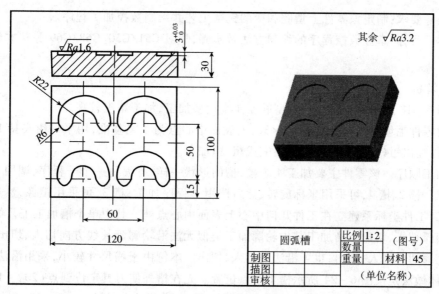

图6-17 圆弧槽零件工程图

①任务要求:学生以小组为单位制定该件圆弧槽铣削工艺并编制数控加工程序。

②学习目标:进一步掌握数控程序的编制方法及步骤,学习 M98/M99、G51/G50、G52 等基本编程指令的应用。

任务2 型腔铣削编程与操作

项目任务书

某单位准备加工如图6-18所示零件上的型腔和槽。

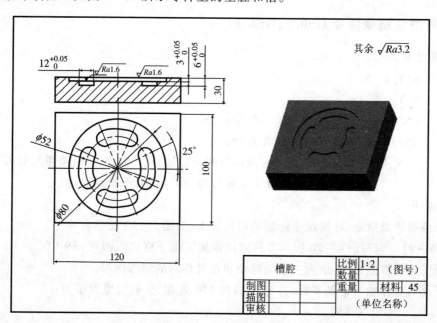

图6-18 槽腔零件工程图

142

①任务要求:制定该零件上型腔和槽的铣削工艺并编制数控加工程序。

②学习目标:掌握数控程序的编制方法及步骤,学习 G51/G50、G68/G69 等基本编程指令的应用。

任务解析

如图 6 - 18 所示零件,上表面、型腔及 4 个槽要加工,加工精度较高。

①设零件毛坯尺寸为 120×100×32,上表面中心点为工艺基准,用平口钳夹持 120×100 处,使工件高出钳口 15 mm,一次装夹完成粗、精加工。

②加工顺序。该零件主要加工 4 个槽,槽的形状一样,可编写一个子程序,调用 4 次对槽进行加工。槽 2、槽 4,可采用坐标旋转,然后调用子程序加工;槽 3,可采用镜像,然后调用子程序加工,工件坐标系建立在工件几何中心上表面中心点处。其中单个槽加工工艺如下。

·圆弧切入、切出。槽加工与内轮廓加工类似无法沿轮廓延长线方向切入、切出,一般都沿槽内轮廓切向切入、切出,也可沿法向切入、切出。本例由于槽尺寸较小,采用沿法向切入、切出,具体做法是按图 6 - 24 所示槽 1 基点位置。先在槽外使刀具定位到点(20,-10),移动刀具到点 1 加入刀具半径右补偿,然后垂直下刀到切深,沿内轮廓点 1 - 2 - 3 - 4 - 5 加工圆弧,完成后垂直提刀,返回坐标原点,取消刀具半径右补偿,结束加工。

·铣削路径。铣削凹槽时仍采用行切和环切相结合的方式进行铣削,以保证能完全切除槽中余量。本课题由于凹槽宽度较小,铣刀沿轮廓加工一圈即可把槽中余量全部切除,故不需采用行切方式切除槽中多余余量。对于每一个槽,根据其尺寸精度、表面粗糙度要求,分为粗、精两道加工路线;粗加工时,留 0.2 mm 左右精加工余量,再精加工至尺寸。

知识准备

在零件加工时,对零件上的对称结构,缩放图形旋转图形,可以采用镜像指令,缩放指令及旋转指令进行编程,可以简化编程运算工作量。

一、可编程镜像指令 G50.1、G51.1

(1)指令格式

G51.1 X_Y_;

G50.1 X_Y_;

其中　G51.1——建立可编程镜像指令;

　　　　G50.1——取消可编程镜像指令;

　　　　X、Y——指定镜像的对称点位置和对称轴,用 G51.1 指定镜像的对称点位置和对称轴;用 G50.1 指定镜像的对称轴,不指定对称点。

(2)说明

用可编程镜像指令,可实现坐标轴的对称加工,如图 6 - 19 所示。

【例 6 - 9】　编写图 6 - 20 所示零件的镜像加工指令格式。图 6 - 19 中:

图形①为编程图形,其余为关于坐标轴和点对称后的镜像图形。

图形②的对称轴与 Y 轴平行,并与 X 轴在 X50 处相交,则镜像程序为:

　　　　G51.1 X50。

图形③关于点(50,50)对称,则镜像程序为:

G51.1 X50 Y50。

图形④的对称轴与 X 轴平行,并与 Y 轴在 $Y=50$ 处相交,则镜像程序为:

G51.1 Y50。

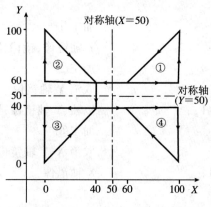

图 6 - 19　用 G51.1 编程镜像

二、可编程镜像指令 G51、G50

可用编程镜像指令加工工件上形状相同并对称布置图形,如图 6 - 20 所示。如果工件的形状由许多相同的图形组成,则可将图形单元编成子程序,然后在主程序中用可编程镜像指令,这样可化简编程,省时省存储空间。

指令格式

G51 X_Y_Z_I_J_K_;

G50;

其中　X、Y、Z ——镜像中心点坐标值的绝对值指令;

　　　　G50——取消可编程镜像指令;

　　　　G51——建立可编程镜像指令;

　　 I、J、K ——X、Y 和 Z 各轴对应的镜像轴,取负值。

【例 6 - 10】　编写图 6 - 20 所示零件的镜像加工程序。

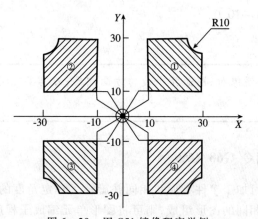

图 6 - 20　用 G51 镜像程序举例

```
O0050                              主程序
N10 G54 G90 G17 M03 S800;
N20 GOO X0 Y0;
N30 Z50;
N40 M98 P5009;                     加工①
N50 G51 X0 Y0 I－1 J1;             Y 轴镜像,镜像位置为 X＝0
N60 M98 P5009;                     加工②
N70 G50;                           取消 Y 轴镜像
N80 G51 X0 Y0 I－1 J－1;           X 轴、Y 轴镜像,镜像位置为(0,0)
N90 M98 P5009;                     加工③
N100 G50;                          取消 X、Y 轴镜像
N110 G51 X0 Y0 I1 J－1;            X 轴镜像
N120 M98 P5009;                    加工④
N130 G50;                          取消 X 轴镜像
N140 M05;
N150 M30;
O5009                              子程序
N10 G91 G41 G00 X10.0 Y4.0 D01;
N20 Y1.0;
N30 Z－45.0;
N40 G01 Z－8.0 F100;
N50 Y25.0;
N60 X10.0;
N70 G03 X10.0 Y－10.0 R10.0;
N80 G01 Y－10.0;
N90 X－25.0;
N100 G00 Z8.0;
N110 G40 X－5.0 Y－10.0;
N120 M99;
```

注意

当执行关于某一轴镜像时,圆弧指令旋转方向相反;刀具半径补偿偏置方向相反;坐标系旋转角相反。

三、坐标系旋转指令 G68/G69

用坐标系旋转指令可加工工件上形状相同并旋转了一定角度的图形,如图 6－21 所示。如果工件的形状由许多相同的图形组成,则可将图形单元编成子程序,然后在主程序中用旋转指令调用,这样可简化编程,省时省存储空间。

(1)指令格式

G68 α_β_R_;

G69;

其中   G68——建立坐标系旋转指令;

       G69——取消坐标系旋转指令;

      α、β——在 G68 后面用于指定旋转中心,与 G17 G18 G19 指令相应的 X、Y 和 Z 中两个坐标的绝对值指令;

         R——坐标系旋转角度,逆时针旋转表示角度位移正值。

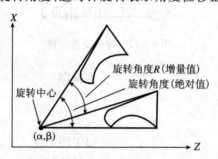

图 6 - 21   坐标系旋转

(2)说明

①在建立坐标系旋转指令前,必须用 G17、G18 或 G19 指定坐标平面,平面选择代码不能在坐标系旋转方式中指定。

②当用 G68 编程时,若程序中未指定 α、β 时,则认为刀具位置是旋转中心。

③当用 G68 编程时,若程序中未编制 R 值,则系统参数值被认为是角度位移值。

④坐标系旋转取消指令 G69 可以指定在其他指令的程序段中。

⑤在坐标系旋转之后,执行刀具半径补偿和刀具长度补偿操作。

 注 意

     在坐标系旋转方式中,与返回参考点有关代码 G27、G28、G29、G30 和与坐标系有关的代码 G52 到 G59 ~ G92 等不能指定,如果需要这些 G 代码,必须在取消坐标系旋转方式以后才能指令。

     坐标系旋转取消指令 G69 以后的第一个移动指令,必须用绝对值指定,如果用增量值指令将不执行正确的移动。

【例 6 - 11】   如图 6 - 22 所示的旋转变换功能程序。其编写程序如下:

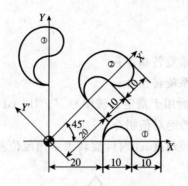

图 6 - 22 旋转变换功能

```
00060                            主程序
N10 G54 G90 G59 G17;
N20 S1000 M03;
N30 M98 P5010;                   加工图形①
N40 G68 X0 Y0 R45;               坐标旋转 45°
N50 M98 P5010;                   加工图形②
N60 G69;                         取消坐标旋转
N70 G68 X0 Y0 R90;               坐标旋转 90°
M80 M98 P5010;                   加工图形③
N90 G69;                         取消坐标旋转
N100 M05;
N110 M30;
子程序
05010
N100 G90 G01 X20 Y0 F100;
N110 G02 X30 Y0 R5;
N120 G03 X40 Y0 R5;
N130 G03 X20 Y0 R10;
N140 G00 X0 Y0;
N150 M99;
```

【例 6 - 12】 将图 6 - 23 所示矩形 *ABCD* 缩小 1 倍并旋转 45°形成矩形 *abcd*,图形深 3 mm,缩放中心点(300,150),旋转中心点(200,100)试用比例缩放和坐标系旋指令编写图 *abcd* 的铣削加工程序。

```
O0070
N10 G92 X0 Y0 Z100;
N20 G90 G40 G59 G50 G17;
N30 S800 M03;
N40 G00 X400;
N50 Z - 3;
```

N60 G51 X300 Y150 P500；

N70 G68 X200 Y100 R45；

N80 G42 G00 X400 Y80 D01；

N90 G01 Y200 F150；

N100 X200；

N110 Y100；

N120 X420；

N130 G40 X450；

N140 G00 Z100；

N150 G69；

N160 G50；

N170 G00 X0 Y0；

N180 M05；

N190 M30；

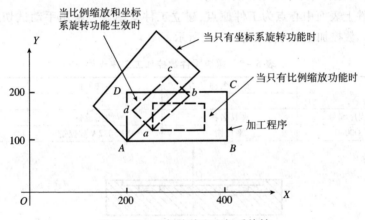

图 6 - 23 比例缩放和坐标系旋转

 注意

CNC 的数据处理顺序是从程序镜像到比例缩放和坐标系旋转,应按该顺序指定指令,取消时按相反顺序,在比例缩放或坐标系旋转方式时,不能指定 G50.1 或 G51.1。

任务实施

1. **数控加工工艺分析**

(1)选择工装及刀具

①根据零件图样要求,选 XK5032A 型立式数控铣床。

②工具选择。工件采用平口钳装夹,试切法对刀。

③量具选择。轮廓尺寸、槽间距用游标卡尺测量,深度尺寸用深度游标卡尺测量,表面质量用表面粗糙度样板检测,另用百分表校正平口钳及工件上表面。

④刀具选择。刀具选择如表 6 - 8 所示。

表 6 - 8　数控刀具明细表

零件图号		零件名称	材料			程序编号		车间	使用设备
		模板	45 号钢	数控刀具明细表					XK5032A 数控铣
序号	刀具号	刀具名称	刀具图号	刀具		刀补地址		换刀方式	加工部位
				直径	长度	直径	长度	自动/手动	
				设定	补偿	设定			
1	T01	面铣刀		$\phi125$	0			手动	零件上表面
2	T02	立铣刀		$\phi20$	0		H01	手动	型腔
3	T03	键槽铣刀		$\phi8$	4.2 / 4	D01 / D02	H02	手动	槽
编制	××	审核	××	批准	××	年　月　日		共　页	第　页

（2）确定切削用量

切削用量的具体数值应根据机床性能、相关的手册并结合实际经验用类比方法确定,如表 6 - 9 所示。

（3）确定工件坐标系、对刀点和换刀点

确定以工件上表面中心点为工件原点,建立工件坐标系。采用手动试切对刀方法,把点 O 作为对刀点。数控加工工序卡如表 6 - 9 所示。

表 6 - 9　槽腔零件数控加工工序卡片

单位名称	××	产品名称		零件名称	零件图号
		××		槽腔	××
工序号	程序编号	夹具名称	使用设备		车间
	O0080	平口钳	XK5032A 数控铣		数控实训车间

工序简图：

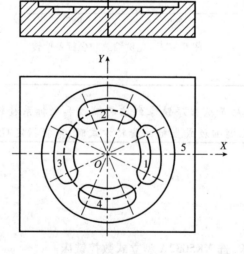

工步号	工步内容	刀具号	刀具规格 mm	主轴转速 $n/(r/min)$	进给量 $f/(mm/r)$	背吃刀量 a_p/mm	备注
1	装夹						手动
2	对刀,上表面中心点	T01	$\phi125$ 面铣刀	500			手动
3	粗铣上表面留 0.5 mm 精加工余量			1000	200	1.5	自动
4	精铣上表面达尺寸及精度要求			1600	120	0.5	自动
5	粗铣型腔留 0.2 mm 精加工余量	T02	$\phi20$ 立铣刀	800	150	2.8	自动
6	精铣型腔达尺寸及精度要求			1200	100	0.2	自动
7	粗铣槽留 0.2 mm 精加工余量	T03	$\phi8$ 键槽铣刀	800	150	2.8	自动
8	精铣槽达尺寸及精度要求			1200	100	0.2	自动
编制	×× 审核 ×× 批准 ××		年 月 日		共 1 页		第 1 页

（4）基点运算

以工件上表面的中心点为编程原点,下面按槽 1 来计算基点,编写子程序,切削加工的基点计算值如表 6 - 10 所示,槽 1 基点位置如图 6 - 24 所示。

表 6 - 10　切削加工的基点计算值

基点	1	2	3	4	5
X	20	18.125	29.002	29.002	18.125
Y	0	8.452	13.524	- 13.524	- 8.452

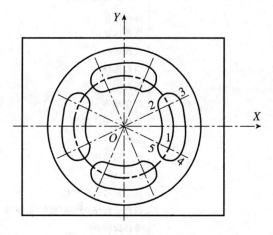

图 6 - 24　槽 1 基点位置

2. 程序编制

型腔零件程序编制清单如表 6 - 11 所示。

表 6 - 11　型腔零件程序编制清单

主程序	注释
O0080	主程序名
N10 G54 G90 G00 S1000 M03 T01;	主轴安装 T01 号刀具,粗铣上表面,留余量 0.5 mm
N20 G00 X - 100 Y0;	快进至 X - 100,Y0 处
N30 　　Z10;	快进至 Z10 处
N40 G01 Z - 1.5 F200;	工进至 Z - 1.5 处
N50 　　X140;	粗铣工件上表面

主程序	注释
N60 M00；	程序暂停
N70 S1600 M03；	精铣转速 1200
N80 G01 Z - 2 F120；	工进至 Z - 2 表面
N90 X - 140；	精铣上表面
N100 G00 Z200 M05；	快速抬刀至 Z200 处,主轴停止
N110 M00；	程序暂停
N120 T02	手动换 T02 刀具
N130 M03 S800；	主轴正转,粗加工型腔
N140 G00 X0 Y0；	快速点定位
N150 G43 G00 Z10 H01；	建立刀具长度补偿
N160 G01 Z - 4.8 F150；	下刀到型腔底部
N170 X15；	直线插补
N180 G03 X15 Y0 I - 15 J0；	圆弧插补
N190 G01 X29.8；	直线插补
N200 G03 X29.8 Y0 I - 29.8 J0；	圆弧插补
N210 G00 Z10；	提刀
N220 M03 S1200；	主轴正转,精加工型腔
N230 G00 X0 Y0；	快速点定位
N240 G01 Z - 5 F100；	下刀到型腔底部
N250 X15；	直线插补
N260 G03 X15 Y0 I - 15 J0；	圆弧插补
N270 G01 X30；	直线插补
N280 G03 X30 Y0 I - 30 J0；	圆弧插补
N290 G49 G00 Z200 M05；	提刀
N300 M00；	程序暂停
N310 T03；	手动换 T03 刀具
N320 M03 S800 F150；	主轴正转
N330 G90 G17 G59 G40 G50.1；	程序初始化
N340 G00 X0 Y0；	快速点定位
N350 G43 G00 Z10 H02；	建立刀具长度补偿
N360 M98 P5011；	调用子程序 05004,粗精铣 1#槽
N370 G68 X0 Y0 R90；	坐标旋转 90°
N380 M98 P5011；	调用子程序 05004,粗精铣 2#槽
N390 G69；	取消坐标旋转
N400 G51.1 X0；	建立镜像
N410 M98 P5011；	调用子程序 05004,粗精铣 3#槽
N420 G50.1 X0；	取消镜像
N430 G68 X0 Y0 R270；	坐标旋转 270°
N440 M98 P5011；	调用子程序 05004,粗精铣 4#槽
N450 G69；	取消坐标旋转
N460 G49 G00 Z200；	取消刀具长度补偿
N470 M05；	主轴停止
N480 M30；	主程序结束

续上表

子程序	注释
05011	子程序名
N10 S800 M03；	开主轴
N20 G00 X20 Y – 10；	刀具快速定位
N30 G00 G42 Y0 D01；	建立刀具半径右补偿,开始铣削键槽,D01 = 4.2 mm
N40 G01 Z – 7.8 F150 M08；	下刀到槽底
N50 G03 X18.125 Y8.452 R20；	粗铣槽
N60 G02 X29.002 Y13.524 R5；	
N70 G02 X29.002 Y – 13.524 R32；	
N80 G02 X18.125 Y – 8.452 R5；	
N90 G03 X20 Y0 R20；	铣键槽结束
N100 G00 Z10；	快速抬刀
N110 G40 G00 X20 Y – 10；	取消刀具半径右补偿
N120 S1200 M03；	开主轴
N130 G00 X20 Y – 10；	刀具快速定位
N140 G00 G42 Y0 D02；	建立刀具半径右补偿,开始铣削键槽,D02 = 4 mm
N150 G01 Z – 8 F100；	下刀到槽底
N160 G03 X18.125 Y8.452 R20；	精铣槽
N170 G02 X29.002 Y13.524 R5；	铣键槽结束
N180 G02 X29.002 Y – 13.524 R32；	快速抬刀
N190 G02 X18.125 Y – 8.452 R5；	取消刀具半径右补偿
N200 G03 X20 Y0 R20；	子程序结束
N210 G00 Z10 M09；	
N220 G40 G00 X0 Y0；	
N230 M99；	

拓展训练 型腔铣削编程与操作

训练任务书 某单位准备加工如图 6 – 25 所示零件。

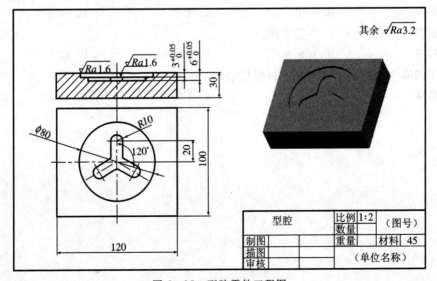

图 6 – 25 型腔零件工程图

①任务要求:学生以小组为单位制定该零件铣削工艺并编制该零件的数控加工程序。

②学习目标:掌握数控程序的编制方法及步骤,学习 G68/G69 等基本编程指令的应用。

复习与思考题

一、判断题

1. 被加工零件轮廓上的内转角尺寸是要尽量统一。   (   )

2. 曲面加工程序编写时,步长越小越好。   (   )

3. G68 指令只能在平面中旋转坐标系。   (   )

4. 执行镜像指令后程序中刀具半径补偿方向不变。   (   )

5. 程序中镜像、缩放、坐标旋转指令的撤消次序是坐标旋转、缩放、镜像。   (   )

二、选择题

1. M98 P0100200 是调用(   )程序。

A. 010   B. 00200   C. 0100200   D. P010。

2. 有些零件需要在不同的位置上重复加工同样的轮廓形状,应采用(   )。

A. 比例加工功能   B. 镜像加工功能   C. 旋转功能   D. 子程序调用功能

3. 刀具补偿包括长度补偿和(   )补偿。

A. 径向   B. 直径   C. 轴向   D. 以上均错

4. (   )符号的意义为"复位"。

A. DEL   B. COPY   C. RESET   D. AuTo

5. 在 *XY* 平面上,某圆弧圆心为(0,0),半径为80,如果需要刀具从(80,0)沿该圆弧到达(0,80)点程序指令为(   )。

A. G02 XO. Y80. I80.0 F300   B. G03 XO. Y80. I - 80.0 F300

C. G02 X80. Y0. J80.0 F300   D. G03 X80. Y0. J - 80.0 F300

6. 下列(   )指令不能取消刀具补偿。

A. G49   B. G40   C. H00   D. G42

7. 偏置 *XY* 平面由(   )指令执行。

A. G17   B. Gi8   C. G19   D. G20

8. 下列哪一个指令不能设立工件坐标系(   )。

A. G54   B. G92   C. G55   D. G91

项目7 孔板零件铣削编程与操作

➤ 固定循环功能及指令应用。

➤ 数控铣手动对刀、参数的设定及自动加工。

➤ 孔板零件的数控编程方法。

技 能 目 标

➤ 能够熟练地制定简单孔类零件数控加工工艺并能正确编制数控加工程序。

➤ 能够准确手动对刀、设置参数及自动加工。

➤ 能够熟练应用 G73 ~ G89 等编程指令。

任务1 孔板零件的铣削编程与操作

项目任务书

某单位现准备加工如图 7 - 1 所示孔板零件。

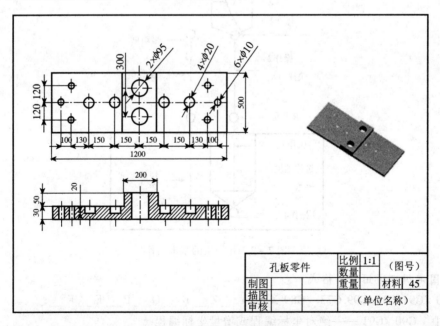

图 7 - 1 孔板零件工程图

①任务要求：制定该零件上孔加工工艺并编制加工孔的数控加工程序。

②学习目标：掌握数控程序的编制方法及步骤，学习孔加工编程指令的应用。

任务解析

如图 1.1 所示零件,需对板上 12 个直径不同、深度不同的孔进行加工。

①设孔板零件毛坯已经使用平口钳装夹好,一次装夹完 12 个孔的粗、精加工。

②加工顺序:1—6 号通孔的钻削→7—10 号盲孔的加工→11—12 号孔的镗削加工。

知识准备

在加工过程中,零件上有很多各种各样的孔需要加工,本项目主要学习固定循环指令的用法,采用固定循环指令编程,可以缩短编程时间,简化程序。

一、固定循环基本动作及指令格式

1. 固定循环的基本动作

①在 XY 平面定位。

②Z 向快速进给到 R 平面。

③孔的切削加工。

④孔底动作。

⑤返回到 R 平面。

⑥返回到起始点。

上述基本动作如图 7-2 所示。

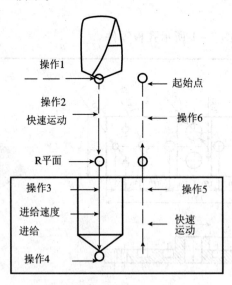

图 7-2　孔加工的基本动作

2. 固定循环通用指令格式

G90 /G91 G98/G99 G73 ~ G89 X ＿ Y ＿ Z ＿ R ＿ Q ＿ P ＿ F ＿ K ＿ ;

其中　G90 /G91 ——绝对坐标编程或增量坐标编程。

　　　　G98 ——返回起始点。

　　　　G99 ——返回 R 平面。

　　G73 ~ G89 ——孔加工方式,如钻孔加工、高速深孔钻加工、镗孔加工等。

　　　　X、Y ——孔的位置坐标。

Z ——孔底坐标;G91 方式时,为 R 面到孔底的增量距离;在 G90 方式时,为孔底的绝对坐标。

R ——安全面(R 面)的坐标。G91 方式时,为起始点到 R 面的增量距离;在 G90 方式时,为 R 面的绝对坐标;R 平面到工件表面一般取 2~5 mm。

Q ——每次切削深度。

P ——孔底的暂停时间。

F ——切削进给量。

K ——重复加工次数。

固定循环由 G80 或 01 组 G 代码撤消。

二、常用固定循环指令

1. 钻孔循环指令 G81 与钻孔循环指令 G82

(1)指令格式:

G81 X __ Y __ Z __ R __ F __;

G82 X __ Y __ Z __ R __ P __ F __;

(2)说明

①G81 指令用于正常钻孔,切削进给执行到孔底,然后刀具从孔底快速移动退回。G82 动作类似于 G81,切削进给执行到孔底,进给暂停并保持旋转状态,使孔底更光滑。G82 一般用于扩孔和沉头孔加工。

②动作过程如图 7-3 所示。

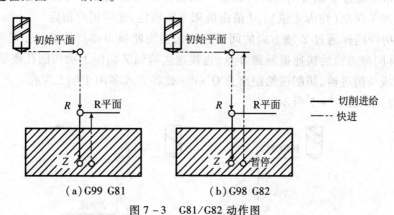

(a)G99 G81   (b)G98 G82

图 7-3 G81/G82 动作图

【例 7-1】 如图 7-4 所示零件,要求用 G81 加工所有的孔。

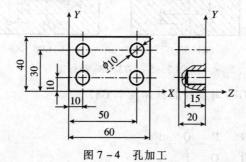

图 7-4 孔加工

孔程序如下：

N02 T01 M06；　　　　　　　　　　　选用 T01 号刀具（φ10 钻头）

N04 G90 S1000 M03；　　　　　　　　启动主轴正转 1000 r/min

N06 G00 X0. Y0. Z30. M08；

N08 G81 G99 X10. Y10. Z – 15. R5 F20；　在（10,10）位置钻孔,孔的深度为 15 mm,参考
　　　　　　　　　　　　　　　　　　　平面高度为 5 mm,钻孔加工循环结束返回参
　　　　　　　　　　　　　　　　　　　考平面

N10 X50；　　　　　　　　　　　　　在（50,10）位置钻孔（G81 为模态指令,直到
　　　　　　　　　　　　　　　　　　　G80 取消为止）

N12 Y30；　　　　　　　　　　　　　在（50,30）位置钻孔

N14 X10；　　　　　　　　　　　　　在（10,30）位置钻孔

N16 G80；　　　　　　　　　　　　　取消钻孔循环

N18 G00 Z30；

N20 M30；

2. 高速深孔钻循环指令 G73 与深孔钻循环指令 G83

（1）指令格式

G73 X__ Y__ Z__ R__ Q__ F__

G83 X__ Y__ Z__ R__ Q__ F__

（2）说明

①G73 指令通过 Z 轴方向的间断进给可以较容易地实现断屑与排屑。指令中的 Q 值是指每一次的加工深度（均为正值）。d 值由机床系统指定,无须用户指定。

②G83 指令同样通过 Z 轴方向的间断进给来实现断屑与排屑的目的。但与 G73 指令不同的是,刀具间隙进给后快速退回到 R 点,再快速进给到 Z 向距上次切削孔底平面 d 处,从该点处快进变成切削进给,切削进给距离为 Q + d。此种方式多用于加工深孔

③动作过程如图 7 – 5 所示。

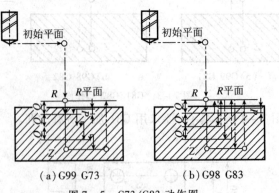

（a）G99 G73　　　　　　（b）G98 G83

图 7 – 5　G73/G83 动作图

3. 精镗孔循环指令 G76 与反镗孔循环指令 G87

（1）指令格式

G76 X__ Y__ Z__ R__ P__ Q__ F__

G87 X__ Y__ Z__ R__ Q__ F__

（2）说明

①G76 指令主要用于精密镗孔加工。执行 G76 循环时,刀具以切削进给方式加工到孔底,实现主轴准停(定向停止)、刀具沿刀尖的反向偏移 Q 值,保证刀具不划伤孔的表面,然后快速退出。

②执行 G87 循环,刀具在平面内定位后,主轴准停,刀具向刀尖相反方向偏移 Q,然后快速移动到孔底(R 点),在这个位置刀具按原偏移量反向移动相同的 Q 值,主轴正转并以切削进给方式加工到 Z 平面,主轴再次准停,并沿刀尖相反方向偏移 Q,快速提刀至初始平面并按原偏移量返回到定位点,主轴开始正转,循环结束,由于 G87 循环刀尖无须在孔中经工件表面退出,故加工表面质量较好,所以本循环常用于精密孔的镗削加工。该循环不能用 G99 进行编程。

③动作过程如图 7－6 所示。

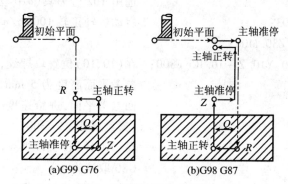

图 7－6　G76/G87 动作图

4. 攻右螺纹循环指令 G84 与攻左螺纹循环指令 G74

（1）指令格式

G84 X ＿ Y ＿ Z ＿ R ＿ F ＿

G74 X ＿ Y ＿ Z ＿ R ＿ F ＿

（2）说明

①G74 循环为左旋螺纹攻丝循环,用于加工左旋螺纹。执行该循环时,主轴反转,在平面快速定位后快速移动到 R 点,执行攻丝到达孔底后,主轴正转退回到 R 点,完成攻丝动作。

②G84 动作与 C74 基本类似,只是 G84 用于加工右旋螺纹。执行该循环时,主轴正转,在平面快速定位后快速移动到 R 点,执行攻丝到达孔底后,主轴反转退回到 R 点,完成攻丝动作。

③攻丝时进给量 F 的指定应根据不同的进给模式指定。当采用 G94 模式时,进给量 F ＝ 导程×转速。当采用 G95 模式时,进给量 F ＝ 导程。

④在指定 G74 前,应先使主轴反转。另外,在 G74 与 G84 攻丝期间,进给倍率、进给保持均被忽略。

⑤动作过程如图 7－7 所示。

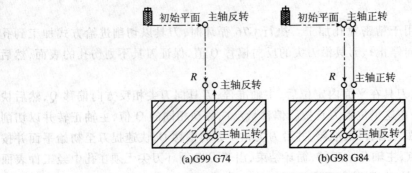

图 7 - 7　G74/G84 动作图

【例 7 - 2】　对图 7 - 4 中的 4 个孔进行攻螺纹,攻螺纹深度 10 mm,其数控加工程序为:

N02 T01 M06;	选用 T02 号刀具(ø10 丝锥。螺距为 2 mm)
N04 G90 S150 M03;	启动主轴正转 1000 r/min
N06 G00 X0. Y0. Z30. M08;	
N08 G84 G99 X10. Y10. Z - 10. R5 F300;	在(10,10)位置攻螺纹,螺纹的深度为 10 mm,参考平面高度为 5 mm,螺纹加工循环结束返回参考平面,进给速度 F = (主轴转速)150 × (螺纹螺距)2 = 300
N10 X50;	在(50,10)位置攻螺纹(G84 为模态指令,直到 G80 取消为止)
N12 Y30;	在(50,30)位置攻螺纹
N14 X10;	在(10,30)位置攻螺纹
N16 G80;	取消攻螺纹循环
N18 G00 Z30;	
N20 M30;	

5. 孔加工固定循环使用的注意事项

①固定循环指令之前,必须先使用 S 和 M 代码指令主轴旋转。

②固定循环模态下,包含 X、Y、Z、A、R 的程序段将执行固定循环,如果一个程序段不包含上列的任何一个地址,则在该程序段中将不执行固定循环,G04 中的地址 X 除外。另外,G04 中的地址 P 不会改变孔加工参数中的 P 值。

③加工参数 Q、P 必须在固定循环被执行的程序段中被指定,否则指令的 Q、P 值无效。

④有主轴控制的固定循环(如 G74、G76、G84 等)过程中,刀具开始切削进给时,主轴有可能还没有达到指令转速。这种情况下,需要在孔加工操作之间加入 G04 暂停指令。

⑤01 组的 G 代码也起到取消固定循环的作用,请不要将固定循环指令和 01 组的 G 代码写在同一程序段中。

⑥执行固定循环的程序段中指令了一个 M 代码,M 代码将在固定循环执行定位时被同时执行,M 指令执行完毕的信号在 Z 轴返回 R 点或初始点后被发出。使用 K 参数指令重复执行固定循环时,同一程序段中的 M 代码在首次执行固定循环时被执行。

⑦固定循环模态下,刀具偏置指令 G45 ~ G48 将被忽略(不执行)。

⑧程序段开关置上位时,固定循环执行完 X、Y 轴定位、快速进给到 R 点及从孔底返回

（到 R 点或到初始点）后，都会停止。也就是说需要按循环起动按钮 3 次才能完成一个孔的加工。3 次停止中，前面的两次是处于进给保持状态，后面的一次是处于停止状态。

⑨G74 和 G84 循环时，Z 轴从 R 点到 Z 点和 Z 点到 R 点两步操作之间如果按进给保持按钮的话，进给保持指示灯立即会亮，但机床的动作却不会立即停止，直到 Z 轴返回 R 点后才进入进给保持状态。另外 G74 和 G84 循环中，进给倍率开关无效，进给倍率被固定在 100% 。

三、手动对刀及其数据计算和参数填写

在加工程序执行前，调整每把刀的刀位点，使其尽量重合某一理想基准点，这一过程称为对刀。对刀的目的是通过刀具或对刀工具确定工件坐标系与机床坐标系之间的空间位置关系，并将对刀数据输入到相应的存储位置。它是数控加工中最重要的工作内容，其准确性将直接影响零件的加工精度。对刀作分为 X 、Y 向对刀和 Z 向对刀。

1. 对刀方法

根据现有条件和加工精度要求选择对刀方法，可采用试切法、寻边器对刀、机内对刀仪对刀、自动对刀等。其中试切法对刀精度较低，加工中常用寻边器和 Z 向设定器对刀，效率高，能保证对刀精度。

2. 对刀工具

（1）寻边器

寻边器主要用于确定工件坐标系原点在机床坐标系中的 X、Y 值，也可以测量工件的简单尺寸。

寻边器有偏心式和光电式等类型，如图 7 - 8 所示。其中以偏心式较为常用。偏心式寻边器的测头一般为 10 mm 和 4 mm 两种的圆柱体，用弹簧拉紧在偏心式寻边器的测杆上。光电式寻边器的测头一般为 10 mm 的钢球，用弹簧拉紧在光电式寻边器的测杆上，碰到工件时可以退让，并将电路导通，发出光讯号。通过光电式寻边器的指示和机床坐标位置可得到被测表面的坐标位置。

（2）Z 轴设定器

Z 轴设定器主要用于确定工件坐标系原点在机床坐标系的 Z 轴坐标，或者说是确定刀具在机床坐标系中的高度。

Z 轴设定器有光电式和指针式等类型，如图 7 - 9 所示。通过光电指示或指针判断刀具与对刀器是否接触，对刀精度一般可达 0.005 mm。Z 轴设定器带有磁性表座，可以牢固地附着在工件或夹具上，其高度一般为 50 mm 或 100 mm。

(a)偏心式   (b)光电式   (a)光电式   (b)指针式

图 7 - 8 寻边器   图 7 - 9 Z 轴设定器

3. 对刀实例

以精加工过的零件毛坯,如图7－10所示,采用寻边器对刀,其详细步骤如下:

(1)X,Y向对刀

①将工件通过夹具装在机床工作台上,装夹时,工件的四个侧面都应留出寻边器的测量位置。

②快速移动工作台和主轴,让寻边器测头靠近工件的左侧;

③改用手轮操作,让测头慢慢接触到工件左侧,直到目测寻边器的下部侧头与上固定端重合,将机床坐标设置为相对坐标值显示,按 MDI 面板上的按键 X,然后按下 INPUT,此时当前位置 X 坐标值为0;

④抬起寻边器至工件上表面之上,快速移动工作台和主轴,让测头靠近工件右侧;

⑤改用手轮操作,让测头慢慢接触到工件右侧,直到目测寻边器的下部侧头与上固定端重合,记下此时机械坐标系中的 X 坐标值,若测头直径为10 mm,则坐标显示为 110.000;

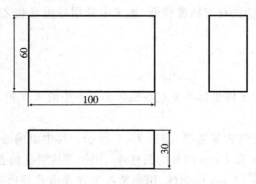

图7－10　100×60×30 的毛坯

⑥提起寻边器,然后将刀具移动到工件的 X 中心位置,中心位置的坐标值 110.000/2 = 55,然后按下 X 键,按 INPUT 键,将坐标设置为0,查看并记下此时机械坐标系中的 X 坐标值。此值为工件坐标系原点 W 在机械坐标系中的 X 坐标值。

⑦同理可测得工件坐标系原点 W 在机械坐标系中的 Y 坐标值。

(2)Z向对刀

①卸下寻边器,将加工所用刀具装上主轴;

②准备一支直径为 10 mm 的刀柄(用以辅助对刀操作);

③快速移动主轴,让刀具端面靠近工件上表面低于 10 mm,即小于辅助刀柄直径;

④改用手轮微调操作,使用辅助刀柄在工件上表面与刀具之间的地方平推,一边用手轮微调 Z 轴,直到辅助刀柄刚好可以通过工件上表面与刀具之间的空隙,此时的刀具断面到工件上表面的距离为一把辅助刀柄的距离,10 mm;

⑤在相对坐标值显示的情况下,将 Z 轴坐标"清零",将刀具移开工件正上方,然后将 Z 轴坐标向下移动 10 mm,记下此时机床坐标系中的 Z 值,此时的值为工件坐标系原点 W 在机械坐标系中的 Z 坐标值;

最后,将测得的 X、Y、Z 值输入到机床工件坐标系存储地址中(一般使用 G54－G59 代码存储对刀参数)。

4. 在对刀作过程中的注意事项

①根据加工要求采用正确地对刀工具,控制对刀误差;

②在对刀过程中,可通过改变微调进给量来提高对刀精度;

③对刀时需小心谨慎作,尤其要注意移动方向,避免发生碰撞危险;

④对 Z 轴时,微量调节的时候一定要使 Z 轴向上移动,避免向下移动时使刀具、辅助刀柄和工件相碰撞,造成损坏刀具,甚至出现危险。

⑤对刀数据一定要存入与程序对应的存储地址,防止因调用错误而产生严重后果。

5. 刀具补偿值的输入和修改

根据刀具的实际尺寸和位置,将刀具半径补偿值和刀具长度补偿值输入到与程序对应的存储位置。

注意

补偿的数据正确性、符号正确性及数据所在地址正确性都将威胁到加工,从而导致撞车危险或加工报废。

四、自动加工

机床的自动运行也称为机床的自动循环。确定程序及加工参数正确无误后,选择自动加工模式,按下数控启动键运行程序,对工件进行自动加工。程序自动运行操作如下:

①按下【PROG】键显示程序屏幕。

②按下地址键【O】以及用数字键输入要运行的程序号,并按下【INSERT】键。

③按下【MEM:自动方式】。

④按下机床操作面板上的循环启动键【CYCLE START】。所选择的程序会启动自动运行,启动键的灯会亮。当程序运行完毕后,指示灯会熄灭。

在中途停止或者暂停自动运行时,可以按下机床控制面板上的暂停键【FEED HOLD】,暂停进给指示灯亮,并且循环指示灯熄灭。执行暂停自动运行后,如果要继续自动执行该程序,则按下循环启动键【CYCLE START】,机床会接着之前的程序继续运行。

要终止程序的自动运行操作时,可以按下 MDI 面板上的【RESET】键,此时自动运行被终止,并进入复位状态。当机床在移动过程中,按下复位键【RESET】时,机床会减速直到停止。

五、数控机床程序传输与通信

(1)通过机床面板手动输入

在【EDIT】编辑方式下,选择【PROG】程序显示键,使用机床面板上的输入字符进行程序名和程序内容的输入。这种程序输入的方式仅限于简单程序的输入,输入速度慢,操作者的劳动强度高。

(2)通过 RS232 数据线通信传输程序

RS－232－C 接口在数控机床上有 9 针或 25 针串口,其特点是简单,用一根 RS232C 电缆和电脑进行连接,实现在计算机和数控机床之间进行系统参数、PMC 参数、螺距补偿参数、加工程序、刀补等数据传输,完成数据备份和数据恢复,以及 DNC 加工和诊断维修。FANUC 系统串口线路的连接如图 7－11 所示。

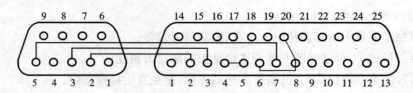

图 7 - 11 FANUC 系统串口线路的连接图

（3）CF 卡传输程序

复杂曲面须用自动编程软件进行编程，程序很长，使用 CF 卡就可以轻松解决程序的存取和传输问题。CF 卡向 CNC 输入程序步骤如下：

①按下机床操作面板上的【EDIT】（编辑）键。

②按下功能键【PROG】。

③按下右边的软键▷（继续菜单键）。

④按下软键【CARD】（选择卡传输）。

⑤按下软键【OPRT】（操作）。

⑥按下软键【F READ】（读文件），屏幕显示如下。

⑦输入文件号"20"。

⑧按下软键【F SET】（指定文件号）。

⑨输入程序号"120"，再按下软键【O SET】（设定程序号）。

⑩按下软键【EXEC】（执行），屏幕显示如图 7 - 12 所示。

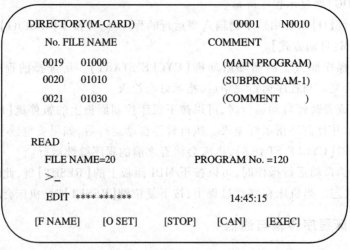

```
DIRECTORY(M-CARD)                    00001      N0010

No. FILE NAME                  COMMENT

0019    01000                   (MAIN PROGRAM)

0020    01010                   (SUBPROGRAM-1)

0021    01030                   (COMMENT      )


READ

FILE NAME=20                  PROGRAM No. =120

>_

EDIT **** *** ***                14:45:15

[F NAME]    [O SET]    [STOP]    [CAN]    [EXEC]
```

图 7 - 12 程序输入界面

🎯 **任务实施**

1. 数控加工工艺分析

（1）选择机床设备及刀具

根据零件图样要求，选数控立式升降台铣床型号为 CK5032C。

根据加工要求，选用 1 把直径为 10 mm 的钻头，刀号 T01；选用 1 把直径为 20 mm 的平底铣刀，刀号为 T02；选用 1 把直径为 95 mm 的镗刀，刀号为 T03。把它们的刀偏长度补偿量和半径值输入相应的刀具参数中，刀具卡片如表 7 - 1 所示。

表 7 - 1 数控刀具明细表

零件图号		零件名称		材料		数控刀具明细表				程序编号		车间	使用设备立式加工中心型号为VMCL600	
		孔板		45 钢										
序号	刀具号	刀具名称	刀具图号	刀具						刀补地址		换刀方式自动/手动	加工部位	
				直径				长度		直径	长度			
				设定		补偿		设定						
1	T01	钻头		φ10		0				0	H01	手动	1 ~ 6 号孔	
2	T02	键槽铣刀		φ20		0				0	H02	手动	7 ~ 10 号盲孔	
3	T03	镗刀		φ95		0				0	H03	手动	11 ~ 12 号孔	
编制	××		审核	××		批准	××		年 月 日			共 页	第 页	

（2）确定切削用量

切削用量的具体数值应根据机床性能、相关的手册并结合实际经验用类比方法确定，在此次加工中钻削选用 F = 120 mm/min，镗削选用 F = 50 mm/min。

（3）确定工件坐标系、对刀点和换刀点

确定以工件的上表面中心为工件原点，建立工件坐标系。采用手动试切对刀方法。假设换刀点设置在机床坐标系下 X0、Y0、Z20 处，数控加工工序卡如表 7 - 2 所示。

表 7 - 2 孔类零件数控加工工序卡片

单位名称		××	产品名称	零件名称	零件图号
			××	孔类零件	××
工序号	程序编号		夹具名称	使用设备	车间
001	00001		平口钳	数控立式升降台铣床CK5032C	数控实训车间

工序简图：

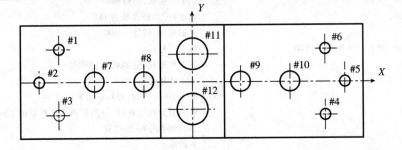

工步号	工步内容	刀具号	刀具规格mm	主轴转速n/(r/min)	进给量f/(mm/min)	备注
1	装夹，安装 T01 刀具					手动
2	1 ~ 6 号通孔的钻削	T01	φ10	600	120	自动
3	换 T02 刀具					手动
4	7 ~ 10 号盲孔的加工	T02	φ20	600	120	自动
5	换 T03 刀具					手动
6	11 ~ 12 号孔的镗削加工	T03	φ95	300	50	自动
编制	××	审核	××	批准	××	年 月 日 　共 1 页 　第 1 页

（4）基点运算

以工件的上表面中心为工件原点,建立工件坐标系,采用绝对尺寸编程。切削加工的基点计算值如表 7-3 所示。

表 7-3　切削加工的基点计算值

基点	1	2	3	4	5	6	7	8	9	10	11	12
X	-430	-530	-430	430	530	430	-300	-150	150	300	0	0
Y	120	0	-120	-120	0	120	0	0	0	0	150	-150
Z(加工深度)	-100	-100	-100	-100	-100	-100	-70	-70	-70	-70	-100	-100

2. 程序编制

孔精加工程序编制清单如表 7-4 所示。

表 7-4　孔精加工程序编制清单

程序	注释
O0001	程序名
G54 G90 G00 X0 Y0 Z30 T01;	把 1 号刀手动装上主轴,G54 坐标系,绝对编程
G43 G00 Z5 H01;	长度补偿,补偿号为 H01
S600 M03;	主轴正转,转速为 600
G99 G81 X-430 Y120 Z-100 R-27 F120;	钻孔循环 G81 加工 1 号孔
X-530 Y0;	加工 2 号孔
G98 X-430 Y-120;	加工 3 号孔并返回到初始平面
G99 X430;	加工 4 号孔
X530 Y0;	加工 5 号孔
G98 X430 Y120;	加工 6 号孔并返回到初始平面
G49 G00 Z20;	取消刀补,返回到机床坐标系的 Z20 位置
G00 X0 Y0;	返回到 X0,Y0 位置
M05;	主轴停止
M00;	选择停止,手动换 2 号刀
G54 G90 G00 X0 Y0 Z30 T02;	G54 坐标系,绝对编程
G43 G00 Z5 H02;	长度补偿,补偿号为 H02
S600 M03;	主轴正转,转速为 600
G99 G81 X-300 Y0 Z-70 R-27 F120;	加工 7 号孔
G98 X-150;	加工 8 号孔,返回到初始平面
G99 X150;	加工 9 号孔
G98 Y300;	加工 10 号孔,返回到初始平面
G49 G00 Z20;	取消刀具长度补偿,返回到机床坐标系的 Z20 位置
G00 X0 Y0;	返回到 X0,Y0 的位置
M05;	主轴停止
M00;	选择停止,手动换 3 号刀
G54 G90 G00 X0 Y0 Z30 T03;	G54 坐标系,绝对编程
G43 G00 Z5 H03;	长度补偿,补偿号为 H03
S300 M03;	主轴正转,转速为 300
G76 G99 X0 Y150 Z-100 R3 F50;	精镗孔循环加工 11 号孔
G98 Y-150;	加工 12 号孔,返回到初始平面
G49 G00 Z30;	取消刀具长度补偿,返回到机床坐标系的 Z30 位置
M05;	主轴停止
M30;	程序结束

拓展实训　盘类零件铣削编程加工

训练任务书　某单位准备加工如图 7-13 所示零件上的孔。

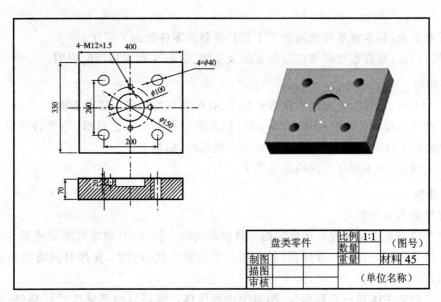

图 7 – 13　盘类零件工程图

①任务要求:学生以小组为单位制定该件铣削工艺并编制数控加工程序。

②学习目标:进一步掌握数控程序的编制方法及步骤,学习孔编程编程指令的应用。

任务 2　FANUC 系统 A 类宏程序应用

📖 项目任务书

某单位准备加工一孔类零件,工程图如图 7 – 14 所示,用宏程序和子程序功能顺序加工圆周等分孔。设圆心在工件上表面中心点,在 $r = 40$ mm 的圆周上均匀地钻 12 个深度为 20 mm 的通孔,孔起始角度为 $\alpha = 30°$。

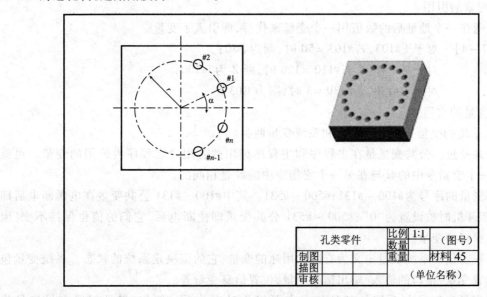

图 7 – 14　孔类零件工程图

①任务要求:制定该零件铣削加工工艺并编制该零件的加工程序。

②学习目标:掌握数控程序的编制方法及步骤,学习 A 类宏程序的应用。

任务解析

图 7 - 14 所示零件,上表面和孔需要加工,孔的垂直度和间距要求准确。

①零件毛坯尺寸为 $100 \times 100 \times 50$ mm,上表面中心点为工艺基准,用平口钳夹持 100×100 mm 处,使工件高出钳口 20 mm,一次装夹完成粗、精加工。

②加工顺序,加工顺序及路线见工艺卡。

知识准备

宏程序基本知识学习

用户宏功能是提高数控机床性能的一种特殊功能。使用中,通常把能完成某一功能的一系列指令像子程序一样存入存储器,然后用一个总指令代表它们,使用时只需给出这个总指令就能执行其功能。

用户宏功能主体是一系列指令,相当于子程序体。既可以由机床生产厂提供,也可以由机床用户自己编制。

宏指令是代表一系列指令的总指令,相当于子程序调用指令。

用户宏功能的最大特点是,可以对变量进行运算,使程序应用更加灵活、方便。

一、变量

在常规的主程序和子程序内,总是将一个具体的数值赋给一个地址。为了使程序更具通用性、更加灵活,在宏程序中设置了变量,即将变量赋给一个地址。

(1)变量的表示

变量可以用"#"号和跟随其后的变量序号来表示,如#i(i = 1,2,3……)

【例 7 - 3】　#5,#109,#501。

(2)变量的引用

将跟随在一个地址后的数值用一个变量来代替,即引入了变量。

【例 7 - 4】　对于 F#103,若#103 = 50 时,则为 F50;

对于 Z - #110,若#110 = 100 时,则 Z 为 - 100;

对于 G#130,若#130 = 3 时,则为 G03。

(3)变量的类型

0MC 系统的变量分为公共变量和系统变量两类。

①公共变量。公共变量是在主程序和主程序调用的各用户宏程序内公用的变量。也就是说,在一个宏指令中的#i 与在另一个宏指令中的#i 是相同的。

公共变量的序号为#100 ~ #131;#500 ~ #531。其中#100 ~ #131 公共变量在电源断电后即清零,重新开机时被设置为"0";#500 ~ #531 公共变量即使断电后,它们的值也保持不变,因此也称为保持型变量。

②系统变量。系统变量定义为有固定用途的变量,它的值决定系统的状态。系统变量包括刀具偏置变量,接口的输入/输出信号变量,位置信息变量等。

系统变量的序号与系统的某种状态有严格的对应关系。例如,刀具偏置变量序号为

#01～#99,这些值可以用变量替换的方法加以改变,在序号 1～99 中,不用作刀偏量的变量可用作保持型公共变量#500～#531。

接口输入信号#1000～#1015,#1032。通过阅读这些系统变量,可以知道各输入口的情况。当变量值为"1"时,说明接点闭合;当变量值为"0"时,表明接点断开。这些变量的数值不能被替换。阅读变量#1032,所有输入信号一次读入。

二、宏指令 G65

宏指令 G65 可以实现丰富的宏功能,包括算术运算、逻辑运算等处理功能。

一般形式:G65 Hm P#i Q#j R#k;

式中:m——宏程序功能,数值范围 01～99;

　　　#i——运算结果存放处的变量名;

　　　#j——被操作的第一个变量,也可以是一个常数;

　　　#k——被操作的第二个变量,也可以是一个常数。

例如,当程序功能为加法运算时:

程序:P#100 Q#101 R#102......　　　　含义为#100 = #101 + #102

程序:P#100 Q - #101 R#102......　　　含义为#100 = - #101 + #102

程序:P#100 Q#101 R15......　　　　　含义为#100 = #101 + 15

三、宏功能指令

(1)算术运算指令(见表 7-5)

表 7-5　算术运算指令

G 码	H 码	功　能	定　义
G65	H01	定义,替换	$\#i = \#j$
G65	H02	加	$\#i = \#j + \#k$
G65	H03	减	$\#i = \#j - \#k$
G65	H04	乘	$\#i = \#j \times \#k$
G65	H05	除	$\#i = \#j/\#k$
G65	H21	平方根	$\#i = \sqrt{\#j}$
G65	H22	绝对值	$\#i = |\#j|$
G65	H23	求余	$\#i = \#j - \text{trunc}\ (\#j/\#k)\cdot\#k$
			Trunc;丢弃小于 1 的分数部分
G65	H24	BCD 码→二进制码	$\#i = \text{BIN}\ (\#j)$
G65	H25	二进制码→BCD 码	$\#i = \text{BCD}\ (\#j)$
G65	H26	复合乘/除	$\#i = (\#i \times \#j) \div \#k$
G65	H27	复合平方根 1	$\#i = \sqrt{\#j^2 + \#k^2}$
G65	H28	复合平方根 2	$\#i = \sqrt{\#j^2 - \#k^2}$

①变量的定义和替换 #i = #j

编程格式:G65 H01 P#i Q#j

【例 7-5】　G65 H01 P#101 Q1005;(#101 = 1005)

　　　　　　G65 H01 P#101 Q - #112;(#101 = - #112)

②加法:#i = #j + #k

编程格式:G65 H02 P#i Q#j R#k

【例 7 - 6】　G65 H02 P#101 Q#102 R#103；(#101 = #102 + #103)

③减法：$\#i = \#j - \#k$

编程格式：G65 H03 P#i Q#j R#k

【例 7 - 7】　G65 H03 P#101 Q#102 R#103；(#101 = #102 - #103)

④乘法：$\#i = \#j \times \#k$

编程格式：G65 H04 P#i Q#j R#k

【例 7 - 8】　G65 H04 P#101 Q#102 R#103；(#101 = #102 × #103)

⑤除法：$\#i = \#j \, / \, \#k$

编程格式：G65 H05 P#i Q#j R#k

【例 7 - 9】　G65 H05 P#101 Q#102 R#103；(#101 = #102/#103)

⑥平方根：$\#i = \sqrt{\#j}$

编程格式：G65 H21 P#i Q#j

【例 7 - 10】　G65 H21 P#101 Q#102；($\#101 = \sqrt{\#102}$)

⑦绝对值：$\#i = |\#j|$

编程格式：G65 H22 P#i Q#j

【例 7 - 11】　G65 H22 P#101 Q#102；(#101 = |#102|)

⑧复合平方根 1：$\#i = \sqrt{\#j^2 + \#k^2}$

编程格式：G65 H27 P#i Q#j R#k

【例 7 - 12】　G65 H27 P#101 Q#102 R#103；($\#101 = \sqrt{\#102^2 + \#103^2}$)

⑨复合平方根 2：$\#i = \sqrt{\#j^2 - \#k^2}$

编程格式：G65 H28 P#i Q#j R#k

【例 7 - 13】　G65 H28 P#101 Q#102 R#103($\#101 = \sqrt{\#102^2 - \#103^2}$)

(2)逻辑运算指令(见表 7 - 6)

表 7 - 6　逻辑运算指令

G 码	H 码	功　能	定　义
G65	H11	逻辑"或"	$\#i = \#j \cdot OR \cdot \#k$
G65	H12	逻辑"与"	$\#i = \#j \cdot AND \cdot \#k$
G65	H13	异或	$\#i = \#j \cdot XOR \cdot \#k$

①逻辑或：$\#i = \#j \, OR \, \#k$

编程格式：G65 H11 P#i Q#j R#k

【例 7 - 14】　G65 H11 P#101 Q#102 R#103；(#101 = #102 OR #103)

②逻辑与：$\#i = \#j \, AND \, \#k$

编程格式：G65 H12 P#i Q#j R#k

【例 7 - 15】　G65 H12 P#101 Q#102 R#103；(#101 = #102 AND #103)

(3)三角函数指令(见表 7 - 7)

表 7 - 7　三角函数指令

G 码	H 码	功　能	定　义
G65	H31	正弦	$\#i = \#j \cdot SIN(\#k)$
G65	H32	余弦	$\#i = \#j \cdot COS(\#k)$
G65	H33	正切	$\#i = \#j \cdot TAN(\#k)$
G65	H34	反正切	$\#i = ATAN(\#j/\#k)$

①正弦函数 $\#i = \#j \times SIN(\#k)$。

编程格式:G65 H31 P#i Q#j R#k（单位:度）

【例 7 - 16】　G65 H31 P#101 Q#102 R#103;$[\#101 = \#102 \times SIN(\#103)]$

②余弦函数 $\#i = \#j \times COS(\#k)$

编程格式:G65 H32 P#i Q#j R#k（单位:度）

【例 7 - 17】　G65 H32 P#101 Q#102 R#103;$[\#101 = \#102 \times COS(\#103)]$

③正切函数:$\#i = \#j \times TAN\#k$

编程格式:G65 H33 P#i Q#j R#k（单位:度）

【例 7 - 18】　G65 H33 P#101 Q#102 R#103;$[\#101 = \#102 \times TAN(\#103)]$

④反正切:$\#i = ATAN(\#j/\#k)$

编程格式:G65 H34 P#i Q#j R#k（单位:度,$0° \le \#j \le 360°$）

【例 7 - 19】　G65 H34 P#101 Q#102 R#103;$[\#101 = ATAN(\#102/\#103))]$

（4）控制类指令（见表 7 - 8）

表 7 - 8　控制类指令

G 码	H 码	功　能	定　义
G65	H80	无条件转移	GO TO n
G65	H81	条件转移 1	IF $\#j = \#k$, GOTOn
G65	H82	条件转移 2	IF $\#j \ne \#k$, GOTOn
G65	H83	条件转移 3	IF $\#j > \#k$, GOTOn
G65	H84	条件转移 4	IF $\#j < \#k$, GOTOn
G65	H85	条件转移 5	IF $\#j \ge \#k$, GOTOn
G65	H86	条件转移 6	IF $\#j \le \#k$, GOTOn
G65	H99	产生 PS 报警	PS 报警号 500 + n 出现

①无条件转移。

编程格式:G65 H80 Pn（n 为程序段号）

【例 7 - 20】　G65 H80 P120;（转移到 N120）

②条件转移 1:#j EQ #k(=)

编程格式:G65 H81 Pn Q#j R#k（n 为程序段号）

【例 7 - 21】　G65 H81 P1000 Q#101 R#102

当#101 = #102,转移到 N1000 程序段;若#101 ≠ #102,执行下一程序段。

③条件转移 2:#j NE #k(≠)

编程格式:G65 H82 Pn Q#j R#k（n 为程序段号）

【例 7 - 22】　G65 H82 P1000 Q#101 R#102

当#101 ≠ #102,转移到 N1000 程序段;若#101 = #102,执行下一程序段。

④条件转移 3:#j GT #k (>)

编程格式:G65 H83 Pn Q#j R#k（n 为程序段号）

【例 7 - 23】　G65 H83 P1000 Q#101 R#102

当#101 >#102,转移到 N1000 程序段;若#101 ≤#102,执行下一程序段。

⑤条件转移 4:#j LT #k（<）

编程格式:G65 H84 Pn Q#j R#k（n 为程序段号）

【例 7 - 24】　G65 H84 P1000 Q#101 R#102

当#101 <#102,转移到 N1000;若#101 ≥ #102,执行下一程序段。

⑥条件转移 5:#j GE #k（≥）

编程格式:G65 H85 Pn Q#j R#k（n 为程序段号）

【例 7 - 25】　G65 H85 P1000 Q#101 R#102

当#101 ≥ #102,转移到 N1000;若#101 <#102,执行下一程序段。

⑦条件转移 6:#j LE #k（≤）

编程格式:G65 H86 Pn Q#j Q#k（n 为程序段号）

【例 7 - 26】　G65 H86 P1000 Q#101 R#102

当#101 ≤#102,转移到 N1000;若#101 >#102,执行下一程序段。

四、使用注意

为保证宏程序的正常运行,在使用用户宏程序的过程中,应注意以下几点:

①由 G65 规定的 H 码不影响偏移量的任何选择。

②如果用于各算术运算的 Q 或 R 未被指定,则作为 0 处理。

③在分支转移目标地址中,如果序号为正值,则检索过程是先向大程序号查找,如果序号为负值,则检索过程是先向小程序号查找。

④转移目标序号可以是变量。

任务实施

1. 数控加工工艺分析

（1）选择工装及刀具

①按零件形状选立式升降台铣床型号为 CK5032C。

②工具选择。工件采用平口钳装夹,试切法对刀,把刀偏值输入相应的刀具参数中。

③量具选择。轮廓尺寸用游标卡尺、千分尺、角尺、万能量角器等测量,表面质量用表面粗糙度样板检测,另用百分表校正平口钳及工件上表面。

④刃具选择。刀具选择如表 7 - 9 所示。

表 7 - 9　数控刀具明细表

零件图号	零件名称	材料				程序编号	车间		使用设备
	孔类零件	45 钢	数控刀具明细表						立式升降台铣床型号为 CK5032C
序号	刀具号	刀具名称	刀具图号	刀具			刀补地址		换刀方式	加工部位
				直径		长度	直径	长度	自动/手动	
				设定	补偿	设定				
1	T01	钻头		φ16	8	0	D01		手动	零件外轮廓
编制	××		审核	××		批准	××	年 月 日	共 页	第 页

（2）确定切削用量

切削用量的具体数值应根据机床性能、相关的手册并结合实际经验用类比方法确定，在此次加工中在 S500 的情况下 $F=50$ mm/min。

（3）确定工件坐标系、对刀点和换刀点

确定以工件上表面中心点为工件原点，建立工件坐标系。采用手动试切对刀方法，把上表面中点作为对刀点。数控加工工序卡如表 7-10 所示。

表 7-10　孔类零件数控加工工序卡片

单位名称	××		产品名称	零件名称	零件图号
			××	孔类零件	××
工序号	程序编号		夹具名称	使用设备	车间
	09010		平口钳	CK5032C	数控实训车间

工序简图：

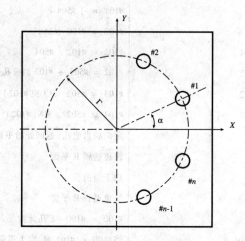

工步号	工步内容	刀具号	刀具规格 mm	主轴转速 n/(r/min)	进给量 f/(mm/r)		备注
1	装夹						手动
2	对刀，上表面中心点			500			手动
3	钻孔	T01	φ16 钻头	500	50		自动
编制	××	审核 ××	批准 ××	年　月　日		共 1 页	第 1 页

2. 程序编制

使用以下保持型变量：

#502：半径 r；

#503：起始角度 α；

#504：孔数 n，当 n＞0 时，按逆时针方向加工，当 n＜0 时，按顺时针方向加工；

#505：孔底 Z 坐标值；

#506：R 平面 Z 坐标值；

#507：F 进给量。

变量#500～#507 可在程序中赋值，也可由 MDI 方式设定。

使用以下变量进行操作运算：

#100：表示第 i 步钻第 i 孔的计数器；

#101：计数器的最终值（为 n 的绝对值）；

#102：第 i 个孔的角度位置 θ_i 的值；

#103：第 i 个孔的 X 坐标值；

#104：第 i 个孔的 Y 坐标值；

用户宏程序编制的钻孔子程序如表 7 – 11 所示。

表 7 – 11　用户宏程序编制的钻孔子程序

程序	注释
O9010	
N110 G65 H01 P#100 Q0	#100 = 0
N120 G65 H22 P#101 Q#504	#101 = ∣#504∣
N130 G65 H04 P#102 Q#100 R360	#102 = #100 ×360°
N140 G65 H05 P#102 Q#102 R#504	#102 = #102 / #504
N150 G65 H02 P#102 Q#503 R#102	#102 = #503 + #102 当前孔角度位置 $\theta_i = \alpha + (360° \times i) / n$
N160 G65 H32 P#103 Q#502 R#102	#103 = #502 ×COS(#102) 当前孔的 X 坐标
N170 G65 H31 P#104 Q#502 R#102	#104 = #502 ×SIN(#102) 当前孔的 Y 坐标
N180 G90 G00 X#103 Y#104	定位到当前孔（返回开始平面）
N190 G00 Z#506	快速进到 R 平面
N200 G01 Z#505 F#507	加工当前孔
N210 G00 Z#506	快速退到 R 平面
N220 G65 H02 P#100 Q#100 R1	#100 = #100 +1 孔计数
N230 G65 H84 P – 130 Q#100 R#101	当#100 < #101 时，向上返回到 130 程序段
N240 M99	子程序结束
调用上述子程序的主程序如下：	
O0010	
N10 G54 G90 G00 X0 Y0 Z20	进入加工坐标系
N20 M03 S500	
N30 M98 P9010	调用钻孔子程序，加工圆周等分孔
N40 Z20	抬刀
N50 G00 G90 X0 Y0	返回加工坐标系零点
N60 M30	程序结束

拓展实训　盖板铣削编程与操作

训练任务书　某单位现准备加工如图 7 – 15 所示零件。

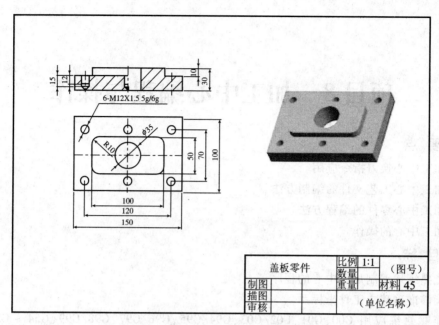

图 7 - 15　凸台零件工程图

①任务要求:学生以小组为单位制定该零件加工工艺并编制该零件的加工程序。

②学习目标:进一步掌握数控程序的编制方法及步骤,学习铣削基本编程指令的应用。

复习与思考题

一、填空题

1. 铣床固定循环由＿＿＿＿＿＿＿＿组成。

2. 在返回动作中,用 G98 指定刀具返回＿＿＿＿＿＿＿＿;用 G99 指定刀具返回＿＿＿＿＿＿＿＿。

3. 在指定固定循环之前,必须用辅助功能＿＿＿＿＿＿＿使主轴＿＿＿＿＿＿＿。

4. 在精铣内外轮廓时,为了改善表面粗糙度,应采用＿＿＿＿＿＿＿＿的进给路线加工方案。

5. 取消固定循环用＿＿＿＿＿＿＿＿指令。

二、简答题

1. 请简述固定循环的基本动作,并画出动作图?

2. 请简述自动加工的操作过程?

3. 精镗循环指令 G76 的动作过程是什么?

项目 8　加工中心编程与操作

➢ 加工中心换刀指令应用。

➢ 加工中心工艺文件的编制方法。

➢ 加工中心零件的编程方法。

➢ 加工中心的操作。

➢ 能熟练地编制加工中心的程序。

➢ 能够准确建立工件坐标系。

➢ 能够熟练应用 G00、G01、G02/G03、G94/G95、G96/G97、G98/G99、G54 ~ G59、G17/G18/G19、G41/G42/G40、G43/G44/G49、F、S、M 等编程指令。

➢ 会操作加工中心加工零件。

任务 1　凸模加工中心编程与操作

项目任务书

某单位准备加工如图 8 – 1 所示凸模零件。

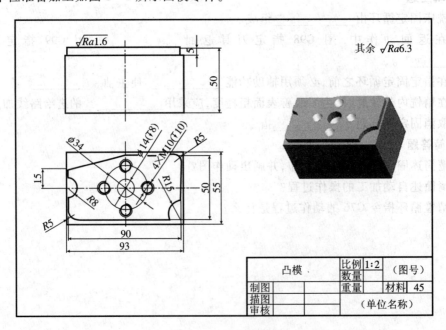

图 8 – 1　凸模零件

①任务要求:制定该零件加工中心加工工艺并编制该零件的加工程序。

②学习目标:掌握数控程序的编制方法及步骤,学习加工中心基本编程指令的应用,会调整使用加工中心。

任务解析

如图 8 - 1 所示凸模零件,需铣削出零件轮廓、1 个 $\phi14$ 的孔、4 个 M10 的螺纹孔。

①设零件毛坯尺寸为 $93 \times 55 \times 50$,上表面中心点为工艺基准,用平口钳夹持 93×55 处,使工件高出钳口10 mm,一次装夹完成轮廓、孔、螺纹孔的粗、精加工。

②加工顺序。铣削端面→铣削轮廓→$\phi14$ 的孔→加工螺纹孔→丝锥加工螺纹。

知识准备

零件加工编程时,如果不方便用直角坐标编程的时候,可采用极坐标进行编程加工。

一、极坐标编程指令 G16/G15

(1)指令格式:

G16;

G15;

其中 G16——为极坐标系生效指令;

G15——为极坐标系取消指令。

(2)说明

当使用极坐标指令后,坐标值以极坐标方式指定,即以极坐标半径和极坐标角度来确定点的位置。

①极坐标半径。当使用 G17、G18、G19 选择好加工平面后,用所选平面的第一轴地址来指定。

②极坐标角度。用所选平面的第二坐标地址来指定极坐标角度,极坐标的零度方向为第一坐标轴的正方向,逆时针方向为角度方向的正方向(如图 8 - 2 所示)。

【例 8 - 1】 多边形加工编程。

…

G00 X50 Y0;

G90 G17 G16;   绝对值编程,选择 XY 平面,极坐标生效

G01 X50 Y60;   终点极坐标半径为 50 mm,终点极坐标角度为 60°

G15;   取消极坐标

…

③极坐标系原点。极坐标原点指定方式有两种:一种是以工件坐标系的零点作为极坐标原点;另一种是以刀具当前的位置作为极坐标系原点。

当以工件坐标系零点作为极坐标系原点时,用绝时值编程方式来指定。如程序"G90 G17 G16",极坐标半径值是指终点坐标到编辑原点的距离,角度值是指终点坐标与编程原点的连线与 X 轴的夹角。如图 8 - 3 所示,当以刀具当前位置作为极坐标系原点时,用增量值编程方式来指定。如程序"G91 G17 G16",极坐标半径值是指终点到刀具当前位置的距离,角度值是指前一坐标原点与当前极坐标系原点的连线与当前轨迹的夹角。

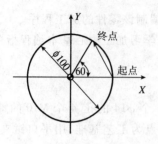

图 8 - 2　极坐标编程

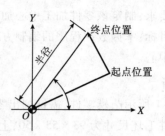

图 8 - 3　绝对值编程

如图 8 - 4 所示,在 A 点进行 G91 方式极坐标编程,A 点为当前极坐标系的原点,而前一坐标系的原点为编程原点(O 点),则半径为当前编程原点到轨迹终点的距离(图中 AB 线段的长度),角度为前一坐标原点与当前极坐标系原点的连线与前轨迹的夹角(图中 OA 与 AB 的夹角)。BC 段编程时,B 点为当前极坐标系原点,角度与半径的确定与 AB 段类似。

【例 8 - 2】　加工如图 8 - 5 所示零件圆周上的 3 个螺纹孔。

N1 G17 G90 G16;	定角度和半径 指定极坐标指令和选择 XY 平面设定工件坐标系的零点作为极坐标系的原点
N2 G81 X100.0 Y30.0 Z - 20.0 R - 5.0 F200.0;	指定100 mm的距离和30°的角度
N3 Y150.0;	指定100 mm的距离和150°的角度
N4 Y270.0;	指定100 mm的距离和270°的角度
N5 G15 G80;	取消极坐标指令

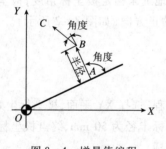

图 8 - 4　增量值编程

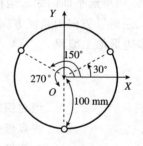

图 8 - 5　螺栓孔圆

二、加工中心的特点及换刀装置

要正确操作和使用加工中心,必须了解加工中心的组成、特点及换刀装置。

1. 加工中心的组成、特点及应用

加工中心是高效、高精度数控机床,是集高新技术于一体的机械加工设备,它的发展代表了一个国家设计和制造业的水平,成为现代机床发展的主流和方向。

(1)加工中心组成

加工中心是带有刀库和自动换刀装置的数控机床(如图 8 - 6)。

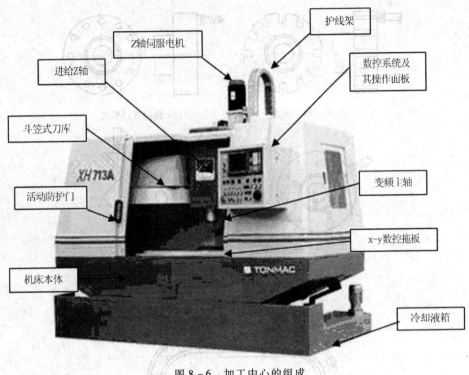

图 8 - 6　加工中心的组成

（2）加工中心的特点

①具有自动换刀装置，能自动地更换刀具，在一次装夹中完成铣削、镗孔、钻削、扩孔、铰孔、攻丝等加工，工序高度集中。

②带有自动摆角的主轴或回转工作台的加工中心，在一次装夹后，自动完成多个面和多个角度的加工。

③带有可交换工作台的加工中心，可同时进行一个加工，一个装夹工件，具有极高的加工效率。

（3）加工中心的应用

加工中心适用于形状复杂、工序多、精度要求高、需要多种类型普通机床经过多次安装才能完成加工的零件。

其主要加工对象为箱体类零件、复杂曲面类零件、异形件、板、套、盘类零件及特殊加工。

2. 加工中心换刀装置

（1）自动换刀装置（ATC）

自动换刀装置的用途是按照加工需要，自动地更换装主轴上的刀具。

自动换刀装置的形式：

①回转刀架。结构简单、刀具数量有限。主要应用于车削中心。

②带刀库的自动换刀装置。应用非常广泛。

（2）刀库的形式

①盘式刀库。结构简单、紧凑、应用广，如图 8 - 7 所示。

②链式刀库。刀库容量大，如图 8 - 8 所示。

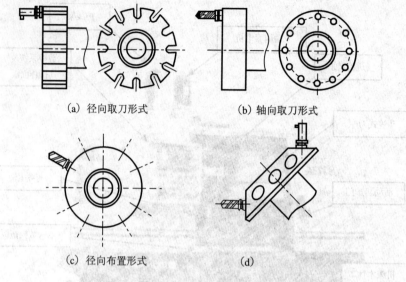

(a) 径向取刀形式　　　　　(b) 轴向取刀形式

(c) 径向布置形式　　　　　　(d)

图 8 - 7　盘式刀库

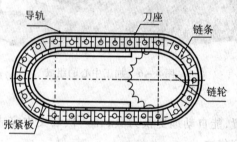

图 8 - 8　链式刀库

（3）换刀过程

自动换刀装置的换刀过程由选刀和换刀两部分组成。

①选刀是刀库按照选刀指令（Txx 指令）自动将要用的刀具移动到换刀位置，完成选刀过程，为换刀做好准备。

②换刀是把主轴上用过的刀具取下，将选好的刀具安装在主轴上。选刀方式有顺序选刀（早期）；任选记忆式，跟踪刀具就近换刀（现在）。换刀方式有机械手换刀；刀库 - 主轴运动换刀，例如斗笠式刀库换刀。

（4）换刀动作过程。

机械手换刀动作过程如下见图 8 - 9：

①　主轴箱回参考点，主轴准停。

②　机械手抓刀（主轴上和刀库上）。

③　取刀：活塞杆推动机械手下行。

④　交换刀具位置：机械手回转 180°。

⑤　装刀：活塞杆上行，将更换后的刀具装入主轴和刀库。

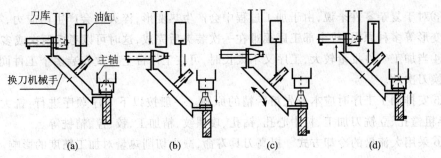

图 8-9 机械手换刀过程

斗笠式刀库换刀动作过程如下(见图 8-10):

① 分度:将刀盘上接收刀具的空刀座转到换刀所需的预定位置。

② 接刀:活塞杆推出,将空刀座送至主轴下方,并卡住刀柄定位槽。

③ 卸刀:主轴松刀,铣头上移至参考点。

④ 再分度:再次分度回转,将预选刀具转到主轴正下方。

⑤ 装刀:铣头下移,主轴抓刀,活塞杆缩回,刀盘复位。

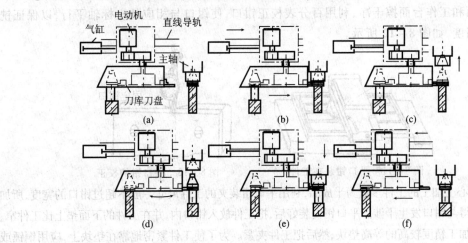

图 8-10 斗笠式刀库换刀

三、加工中心的工艺准备

加工中心的工艺准备主要弄清两方面的内容:一是加工中心的工艺的工艺特点,二是工艺方案确定原则。

1. 加工中心的工艺特点

① 由于加工中心工序集中和具有自动换刀的特点,故零件的加工工艺应尽可能符合这些特点,尽可能地在一次装夹情况下完成铣、钻、镗、铰、攻丝等多工序加工。

② 由于加工中心具备了高刚度和高功率的特点,故在工艺上可采用大的切削用量,以便在满足加工精度条件下尽量节省加工工时。

③ 选用加工中心作为生产设备时,必须采用合理的工艺方案,以实现高效率加工。

2. 工艺方案确定原则

① 确定采用加工中心的加工内容,确定工件的安装基面、加工基面、加工余量等。

② 以充分发挥加工中心效率为目的来安排加工工序。有些工序可选用其他机床。

③对于复杂零件来说,由于加工过程中会产生热变形,淬火后会产生内应力,零件卡压后也会变形等多种原因,故全部工序很难在一次装夹后完成,这时可以考虑两次或多次。

④当加工工件批量较大,工序又不太长时,可在工作台上一次安装多个工件同时加工,以减少换刀次数。

⑤安排加工工序时应本着先粗后精的原则。一般按以下工序顺序进行:铣大平面、粗镗孔、半粗镗孔、立铣刀加工、打中心孔、钻孔、攻螺纹、精加工、铰、镗、精铣等。

⑥采用大流量的冷却方式。提高刀具寿命,减少切削热量对加工精度的影响。

四、工件的装夹

工件的装夹方法有以下七种,它们分别是采用平口钳安装工件,直接装夹在工作台面上,用精密治具板安装工件,用精密治具筒安装工件,用组合采具安装工件,用其他装置安装工件,用专用夹具安装工件。

1. 用平口钳安装工件

机用平口钳适用于中小尺寸和形状规则的工件安装,如图8-11所示。安装平口钳时必须先将底面和工作台面擦干净,利用百分表校正钳口,使钳口与相应的坐标轴平行,以保证铣削的加工精度,如图8-12所示。

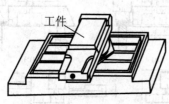

图8-11 平口钳装夹工件

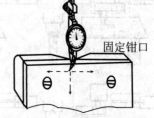

图8-12 平口钳的校正

加工中心上加工的工件多数为半成品,利用平口钳装夹的工件尺寸一般不超过钳口的宽度,所加工的部位不得与钳口发生干涉。平口钳安装好后,把工件放入钳口内,并在工件的下面垫上比工件窄、厚度适当且加工精度较高的等高垫块,然后把工件夹紧。为了使工件紧密地靠在垫块上,应用铜锤或木锤轻轻的敲击工件,直到用手不能轻易推动等高垫块时,最后再将工件夹紧在平口钳内。

工件应当紧固在钳口中间的位置,装夹高度以铣削尺寸高出钳口平面3~5 mm为宜,用平口钳装夹表面粗糙度值较大的工件时,应在两钳口与工件表面之间垫一层铜皮,以免损坏口,并能增加接触面。图8-13所示为使用机用平口钳装夹工件的几种情况。

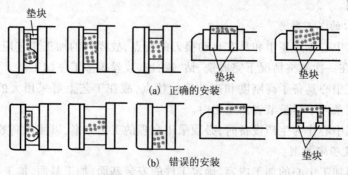

图8-13 平口钳装夹工件正误

2. 直接装夹在工作台面上

对于体积较大的工件,大都将其直接压在工作台面上,用组合压板夹紧。图 8 – 14(a)所示的装夹方式,只能进行非贯通的挖槽或钻孔、部分外形等加工;也可在工件下面垫上厚度适当且加工精度较高的等高垫块后再将其压紧,如图 8 – 14(b)所示,这种装夹方法可进行贯通的挖槽或钻孔、部分外形加工。

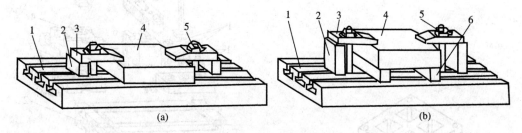

图 8 – 14　直接装夹在工作台上装夹工件
1—工作台;2—支承块;3—压板;4—工件;5—双头螺柱;6—等高垫块

装夹时应注意以下几点:

①必须将工作台面和工件底面擦干净,不能拖拉粗糙的铸件、锻件等,以免划伤台面。

②在工件的光洁表面或材料硬度较低的表面与压板之间,必须安置垫片(如铜片或厚纸片),这样可以避免表面因受压力而损伤。

③压板的位置要安排得妥当,要压在工件刚性最好的地方,不得与刀具发生干涉,夹紧力的大小也要适当,不然会产生变形。

④支撑压板的支承块高度要与工件相同或略高于工件,压板螺栓必须尽量靠近工件,并且螺栓到工件的距离应小于螺栓到支承块的距离,以便增大压紧力。

⑤螺母必须拧紧,否则将会因压力不够而使工件移动,以致损坏工件、机床和刀具,甚至发生意外事故。

3. 用精密治具板安装工件

对于除底面以外五面要全部加工的情况,上面的装夹方式就无法满足,此时可采用精密治具板的装夹方式。

4. 用精密治具筒安装工件

在加工表面相互垂直度要求较高的工件时,多采用精密治具筒安装工件。精密治具筒具有较高的平面度、垂直度、平行度与较小的表面粗糙度值。

5. 用组合夹具安装工件

组合夹具是由一套结构已经标准化,尺寸已经规格化的通用元件、组合元件所构成,可以按工件的加工需要组成各种功用的夹具。组合夹具有槽系组合夹具和孔系组合夹具。图 8 – 15所示为一孔系组合夹具;图 8 – 16 为一槽系组合夹具及其组装过程。

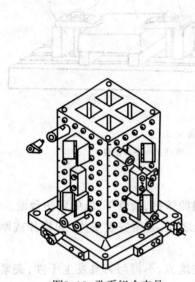

图8-15 孔系组合夹具

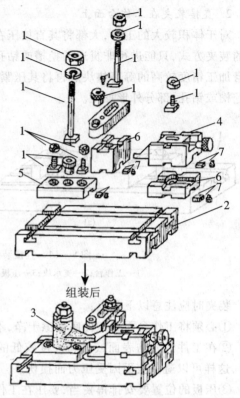

组装后

图8-16 槽系组合夹具组装过程示意图
1—紧固件；2—基础板；3—工件；
4—活动V形铁组合件；5—支承板；
6—垫铁；7—定位键及其紧定螺钉

6. 用其他装置安装工件

①用万能分度头安装。万能分度头是三轴三联动以下加工中心常用的重要附件，能使工件绕分度头主轴轴线回转一定角度，在一次装夹中完成等分或不等分零件的分度工作，如加工四方、六角等。

②用三爪自定心卡盘安装。将三爪自定心卡盘利用压板安装在工作台面上，可装夹圆柱形零件。在批量加工圆柱工件端面时，装夹快捷方便，例如铣削端面凸轮、不规则槽等。

7. 用专用夹具安装工件

为了保证工件的加工质量，提高生产率，减轻劳动强度，根据工件的形状和加工方式可采用专用夹具安装。

五、刀具选择

刀具的选择是在数控编程的人机交互状态下进行的。应根据机床的加工能力、工件材料的性能、加工工序、切削用量以及其他相关因素正确选用刀具及刀柄。刀具选择总的原则是：安装调整方便，刚性好，耐用度和精度高。在满足加工要求的前提下，尽量选择较短的刀柄，以提高刀具加工的刚性。

选取刀具时，要使刀具的尺寸与被加工工件的表面尺寸相适应。生产中，平面零件周边轮廓的加工，常采用立铣刀；铣削平面时，应选硬质合金刀片铣刀；加工凸台、凹槽时，选高速钢立铣刀；加工毛坯表面或粗加工孔时，可选取镶硬质合金刀片的玉米铣刀；对一些立体型面和变斜角轮廓外形的加工，常采用球头铣刀、环形铣刀、锥形铣刀和盘形铣刀。

在进行自由曲面加工时,由于球头刀具的端部切削速度为零,因此,为保证加工精度,切削行距一般取得很密,故球头常用于曲面的精加工。而平头刀具在表面加工质量和切削效率方面都优于球头刀,因此,只要在保证不过切的前提下,无论是曲面的粗加工还是精加工,都应优先选择平头刀。另外,刀具的耐用度和精度与刀具价格关系极大,必须引起注意的是,在大多数情况下,选择好的刀具虽然增加了刀具成本,但由此带来的加工质量和加工效率的提高,则可以使整个加工成本大大降低。

在加工中心上,各种刀具分别装在刀库上,按程序规定随时进行选刀和换刀动作。因此必须采用标准刀柄,以便使钻、镗、扩、铣削等工序用的标准刀具,迅速、准确地装到机床主轴或刀库上去。编程人员应了解机床上所用刀柄的结构尺寸、调整方法以及调整范围,以便在编程时确定刀具的径向和轴向尺寸。目前我国的加工中心采用 TSG 工具系统,其刀柄有直柄(三种规格)和锥柄(四种规格)两种,共包括 16 种不同用途的刀柄。

在经济型数控加工中,由于刀具的刃磨、测量和更换多为人工手动进行,占用辅助时间较长,因此,必须合理安排刀具的排列顺序。一般应遵循以下原则:

①尽量减少刀具数量。

②一把刀具装夹后,应完成其所能进行的所有加工部位。

③粗精加工的刀具应分开使用,即使是相同尺寸规格的刀具。

④先铣后钻。

⑤先进行曲面精加工,后进行二维轮廓精加工。

⑥在可能的情况下,应尽可能利用数控机床的自动换刀功能,以提高生产效率等。

六、加工中心的调整

加工中心是一种功能较多的数控加工机床,具有铣削、镗削、钻削、螺纹加工等多种工艺手段。使用多把刀具时,尤其要注意准确地确定各把刀具的基本尺寸,即正确地对刀。对有回转工作台的加工中心,还应特别注意工作台回转中心的调整,以确保加工质量。

1. 加工中心的对刀方法

由于加工中心具有多把刀具,并能实现自动换刀,因此需要测量所用各把刀具的基本尺寸,并存入数控系统,以便加工中调用,即进行加工中心的对刀。加工中心通常采用机外对刀仪对刀。

对刀仪的基本结构如图 8 - 17 所示。对刀仪平台 7 上装有刀柄夹持轴 2,用于安装被测刀具,通过快速移动单键按钮 4 和微调旋钮 5 或 6,可调整刀柄夹持轴 2 在对刀仪平台 7 上的位置,当光源发射器 8 发光,将刀具刀刃放大投影到显示屏幕 1 上时,即可测得刀具在 X(径向尺寸)、Z(刀柄基准面到刀尖的长度尺寸)方向的尺寸。

图 8 - 18 所示的钻削刀具对刀操作过程如下:

①将被测刀具与刀柄连接安装为一体。

②将刀柄插入对刀仪上的刀柄夹持轴 2,并紧固。

③打开光源发射器 8,观察刀刃在显示屏幕 1 上的投影。

④通过快速移动单键按钮 4 和微调旋钮 5 或 6,可调整刀刃在显示屏幕 1 上的投影位置,使刀具的刀尖对准显示屏幕 1 上的十字线中心,如图 8 - 19 所示。

⑤测得 X 在数显装置 3 上显示为 20,即刀具直径为 φ20 mm,该尺寸可用作刀具半径补偿。

⑥测得 Z 在数显装置 3 上显示为 180.002,即刀具长度尺寸为 180.002 mm,该尺寸可用

作刀具长度补偿。

⑦将测得尺寸输入加工中心的刀具补偿界面。

⑧将被测刀具从对刀仪上取下后,即可装上加工中心使用。

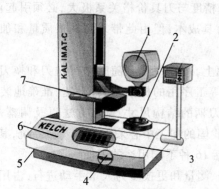

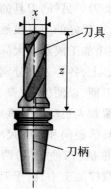

图 8 - 17　对刀仪的基本结构　　　　　图 8 - 18　钻削刀具

1—显示屏幕;2—刀柄夹持轴;3—快速移动;4、5—微调按钮;6—刀仪平台;7—光源发射器

2. 加工中心回转工作台的调整

如图 8 - 20 所示,多数加工中心都配有回转工作台,实现在零件一次安装中多个加工面的加工。如何准确测量加工中心回转工作台的回转中心,对被加工零件的质量有着重要的影响。下面以卧式加工中心为例,说明工作台回转中心的测量方法。

图 8 - 19　对刀

工作台回转中心在工作台上表面的中心点上,如图 8 - 20 所示。

工作台回转中心的测量方法有多种,这里介绍一种较常用的方法,使用的工具有:一根标准芯轴、百分表(千分表)、量块。

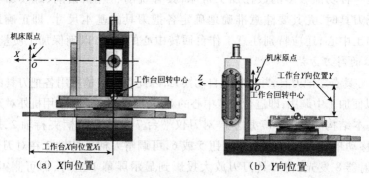

（a）X向位置　　　　　　　　　　　　　　（b）Y向位置

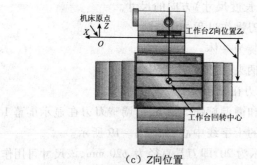

（c）Z向位置

图 8 - 20　加工中心回转工作台回转中心的位置

（1）X 向回转中心的测量

将主轴中心线与工作台回转中心重合，这时主轴中心线所在的位置就是工作台回转中心的位置，则此时 X 坐标的显示值就是工作台回转中心到 X 向机床原点的距离 X，如图 8 - 20(a)所示。

测量方法如下：

①如图 8 - 21 所示，将标准芯轴装在机床主轴上，在工作台上固定百分表，调整百分表的位置，使指针在标准芯轴最高点处指向零位。

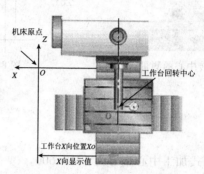

机床原点

工作台回转中心

工作台 X 向位置 Xo

X 向显示值

图 8 - 21　X 向回转中心的测量

②将芯轴沿 $+Z$ 方向退出 Z 轴。

③将工作台旋转 180°，再将芯轴沿 $-Z$ 方向移回原位。观察百分表指示的偏差然后调整 X 向机床坐标，反复测量，直到工作台旋转到 0° 和 180° 两个方向百分表指针指示的读数完全一样时，这时机床 CRT 上显示的 X 向坐标值即为工作台 X 向回转中心的位置。

工作台 X 向回转中心的准确性决定了调头加工工件上孔的 X 向同轴度精度。

（2）Y 向回转中心的测量

找出工作台上表面到 Y 向机床原点的距离 Y_0，即为 Y 向工作台回转中心的位置。工作台回转中心位置如图 8 - 20(b)所示。

测量方法：如图 8 - 22，先将主轴沿 Y 向移到预定位置附近，用手拿着量块轻轻塞入，调整主轴 Y 向位置，直到量块刚好塞入为止。

Y 向回转中心 = CRT 显示的 Y 向坐标（为负值） - 量块高度尺寸 - 标准芯轴半径

工作台 Y 向回转中心影响工件上加工孔的中心高尺寸精度。

（3）Z 向回转中心的测量

找出工作台回转中心到 Z 向机床原点的距离 Z_0 即为 Z 向工作台回转中心的位置。工作台回转中心的位置如图 8 - 20(c)所示。

测量方法：如图 8 - 23 所示，当工作台分别在 0° 和 180° 时，移动工作台以调整 Z 向坐标，使百分表的读数相同，则 Z 向回转中心 = CRT 显示的 Z 向坐标值。

Z 向回转中心的准确性，影响机床调头加工工件时两端面之间的距离尺寸精度（在刀具长度测量准确的前提下）。反之，它也可修正刀具长度测量偏差。

机床回转中心在一次测量得出准确值以后，可以在一段时间内作为基准。但是，随着机床的使用，特别是在机床相关部分出现机械故障时，都有可能使机床回转中心出现变化。例如，机床在加工过程中出现撞车事故、机床丝杠螺母松动时等。因此，机床回转中心必须定期测量，特别是在加工相对精度较高的工件之前应重新测量，以校对机床回转中心，从而保证工件加工的精度。

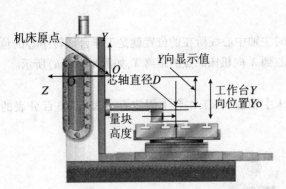

图 8-22 Y 向回转中心的测量

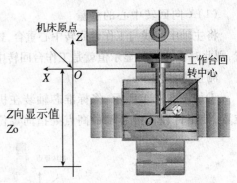

图 8-23 Z 向回转中心的测量

任务实施

1. 数控加工工艺分析

(1)选择机床设备及刀具

根据零件图样要求,选立式加工中心型号为 VMCL600。

根据加工要求,选用 1 把直径为 $\phi 60$ mm 的端面铣刀,刀号 T01;选用 1 把直径为 $\phi 10$ mm 的键槽铣刀,刀号为 T02;选用 1 把直径为 $\phi 8.5$ mm 的钻头,刀号为 T03;选用 1 把直径为 M10 的丝锥,刀号为 T04。把它们的刀偏长度补偿量和半径值输入相应的刀具参数中,刀具卡片如表 8-1 所示。

表 8-1 数控刀具明细表

零件图号		零件名称		材料			程序编号	车间	使用设备
		凸模		45 号钢	数控刀具明细表				立式加工中心型号为 VMCL600
序号	刀具号	刀具名称	刀具图号	刀具			刀补地址	换刀方式	加工部位
				直径		长度	直径	长度	自动/手动	
				设定	补偿	设定				
1	T01	端铣刀		$\phi 60$	0		0	H01	自动	上表面
2	T02	键槽铣刀		$\phi 10$	5		D02	H02	自动	铣削轮廓、$\phi 14$ 的孔
3	T03	钻头		$\phi 8.5$	0		0	H03	自动	钻孔
4	T04	丝锥		M10	0		0	H04	自动	攻丝
编制	××		审核	××		批准	××	年 月 日	共 页	第 页

(2)确定切削用量

切削用量的具体数值应根据机床性能、相关的手册并结合实际经验用类比方法确定,在此次加工中端面和轮廓铣在 S800 的情况下 F = 400 mm/min,钻削加工在 S1000 的情况下 F = 120 mm/min。

(3)确定工件坐标系、对刀点和换刀点

确定以工件的上表面中心为工件原点,建立工件坐标系。采用手动试切对刀方法。数控加工工序卡如表 8-2 所示。

表 8 - 2　孔类零件数控加工工序卡片

单位名称	× ×	产品名称	零件名称	零件图号
		× ×	孔类零件	× ×
工序号	程序编号	夹具名称	使用设备	车间
	O0001	平口钳	立式加工中心 VMCL600	数控实训车间

工序简图：

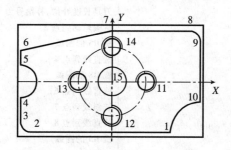

工步号	工步内容	刀具号	刀具规格 mm	主轴转速 $n/(\mathrm{r/min})$	进给量 $f/(\mathrm{mm/min})$	备注
1	装夹					手动
2	对刀，上表面中心点			500		手动
3	铣削上表面	T01	$\phi 60$	800	400	自动
4	铣削轮廓和 $\phi 14$ 的孔	T02	$\phi 10$	1 000	400	自动
5	钻削螺纹孔	T03	$\phi 8.5$	1 000	120	自动
6	加工螺纹	T04	M10	50		自动
编制	× ×	审核 × ×	批准 × ×	年　月　日	共 1 页	第 1 页

（4）基点运算

以工件的上表面中心为工件原点，建立工件坐标系，采用绝对尺寸编程。切削加工的基点计算值如表 8 - 3 所示。

表 8 - 3　切削加工的基点计算值

基点	1	2	3	4	5	6	7	8	9	10	11	12	13	14	15
X	30	- 40	- 45	- 45	- 45	- 45	0	40	45	45	17	0	- 17	0	0
Y	- 25	- 25	- 20	- 8	8	15	25	25	20	- 10	0	- 17	0	17	0
Z	5	5	5	5	5	5	5	5	5	10	10	10	10	8

2. 程序编制

零件精加工程序编制清单如表 8 - 4 所示。

表 8 - 4　零件精加工程序编制清单

程序	注释
O0001	程序名
M06 T01 ；	自动换成 T01 刀
G90 G54 G00 X100 Y - 15 Z100 ；	绝对编程，G54 坐标系
M03 S800 ；	主轴正转，转速为 800
G00 G43 H1 Z - 5 ；	长度补偿，补偿值为 H1，使刀具移动到 Z - 5 的位置
G01 X - 100 F400 ；	铣端面
Y15 ；	铣端面
X100 ；	铣端面

程序	注释
G00 G49 Z100;	取消刀具长度补偿,使刀具移动到机械坐标系 Z100 的位置
M05;	主轴停止
M06 T02;	换 T02 刀具
M03 S1000;	主轴正转,S1000
G00 G41 X100 Y-25 D2;	刀具半径左补偿,补偿号为 D2
G00 G43 H2 Z-10;	刀具长度补偿,补偿号为 H2
G01 X-40 F400;	铣削轮廓到点 2
G02 X-45 Y-20 R5;	铣 R5 的圆弧
G01 Y-8;	铣直线到点 4
G03 Y8 R8;	铣 R8 的圆弧
G01 Y15;	铣直线到点 6
X0 Y25;	铣斜线到点 7
X40;	铣直线到点 8
G02 X45 Y20 R5;	铣 R5 的圆弧
G01 Y-10;	铣直线到点 10
G03 X30 Y-25 R15;	铣 R15 的圆弧
G01 G40 Y-60;	取消半径补偿,刀具移除到 Y-60
G00 Z100;	刀具抬高到 Z100
X2 Y0;	刀具移动到 X2,Y0 位置
Z10;	到 Z10 的位置
G01 Z-10 F50;	往下铣削到 Z-10
G02 X-2 R2;	铣削半个圆弧
G02 X2 R2;	再铣削半个圆弧
G01 X0;	移动到 X0 的位置
Z10;	抬刀
G00 G49 Z100;	取消刀补并抬刀
M05;	主轴停止
M06 T03;	换 T03 刀具
G90 G54 G00 X0 Y17 Z100;	G54 定位
M03 S1000;	主轴正转 S1000
G01 G43 H3 Z10 F300;	长度补偿
G99 G81 Z-12 R3 F50;	钻削循环加工第一个孔
X17;	加工第二个孔
X0 Y-17;	加工第三个孔
X-17 Y0;	加工第四个孔
G00 G80 G49 Z100;	取消循环,取消长度补偿并抬刀
M05;	主轴停止
M06 T04;	换 T04 刀具
M03 S50;	主轴正转 S50
G90 G54 G00 X0 Y17;	定位
G43 G00 Z10 H4;	长度补偿 H4,并下刀
G95 G99 G84 Z-11 R3 P1 F1.5;	攻丝循环,加工第一个螺纹孔
X17 Y0;	加工第二个螺纹孔
X0 Y-17;	加工第三个螺纹孔
X-17 Y0;	加工第四个螺纹孔
G01 G49 G80 Z10 F400;	取消循环,取消长度补偿并抬刀
G00 Z100;	Z100 的位置
M05;	主轴停止
M30;	程序结束

拓展实训　凸台零件加工中心编程与操作

训练任务书　某单位准备加工如图 8-24 所示零件。

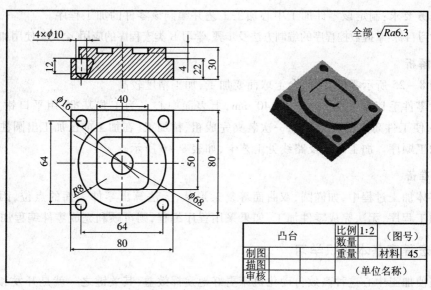

图 8 - 24　凸台零件工程图

①任务要求:学生以小组为单位制定该零件加工中心加工工艺并编制该零件的加工程序。

②学习目标:进一步掌握数控程序的编制方法及步骤,学习加工中心基本编程指令的应用,会调整使用加工中心。

任务 2　FANUC 系统 B 类宏程序应用

🔩 项目任务书

某车间准备加工一圆凸台零件,如图 8 - 25 所示,球面的半径为 $SR20$(#2)、球面台展角(最大为 90°)为 67°(#6)在图中所用立铣刀的半径为 $R8$(#3);球面台外圈部分已加工出圆柱。

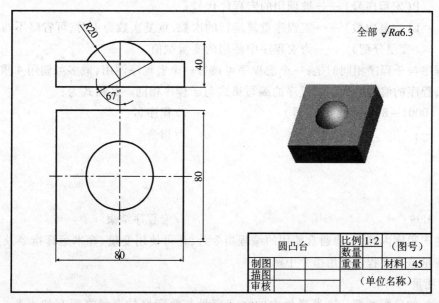

图 8 - 25　圆凸台零件工程图

①任务要求:制定该零件加工中心加工工艺并编制该零件的加工程序。

②学习目标:掌握数控程序的编制方法及步骤,学习 B 类宏程序的应用,会调整使用加工中心。

任务解析

如图 8 - 25 所示零件,圆凸台上球面要加工,加工精度较高。

①设零件毛坯尺寸为 80 × 80 × 40 mm,上表面中心点为工艺基准,用平口钳夹持 80 × 80 mm处,使工件高出钳口30 mm,一次装夹完成粗、精加工(在加工前已加工出圆柱)。

②加工顺序。加工顺序及路线见工艺卡,如表 8 - 6 所示。

知识准备

在零体加工过程中,如椭圆,双曲面等复杂形状,无法算出零件表面的点位,因此不能编出零件加工程序,无法完成零件加工,如果采用程序编程,则可顺利完成零件编程加工。

一、宏程序基本知识学习

如何使加工中心这种高效自动化机床更好地发挥效益,其关键之一就是开发和提高数控系统的使用性能。B 类宏程序的应用,是提高数控系统使用性能的有效途径。B 类宏程序与 A 类宏程序有许多相似之处,以下在 A 类宏程序的基础上,介绍 B 类宏程序的应用。

(1)宏程序宏程序的定义:由用户编写的专用程序,它类似于子程序,可用规定的指令作为代号,以便调用。宏程序的代号称为宏指令。

宏程序的特点:宏程序可使用变量,可用变量执行相应操作;实际变量值可由宏程序指令赋给变量。

①宏程序的简单调用格式。宏程序的简单调用是指在主程序中,宏程序可以被单个程序段单次调用。

调用指令格式:G65 P(宏程序号)L(重复次数)(变量分配);

其中   G65 ——宏程序调用指令;

          P(宏程序号)——被调用的宏程序代号;

          L(重复次数)——宏程序重复运行的次数,重复次数为 1 时,可省略不写;

          (变量分配) ——为宏程序中使用的变量赋值。

宏程序与子程序相同的是,一个宏程序可被另一个宏程序调用,最多可调用 4 重。

②宏程序的编写格式。宏程序的编写格式与子程序相同。其格式为:

```
0  ~(0001 ~8999 为宏程序号)          //程序名
N10 …;                               //指令
…;
…;
…;
N ~ M99;                             //宏程序结束
```

上述宏程序内容中,除通常使用的编程指令外,还可使用变量、算术运算指令及其他控制指令。变量值在宏程序调用指令中赋给。

(2)变量

①变量的分配类型。这类变量中的文字变量与数字序号变量之间有如表 8 - 5 确定的

关系。

表 8 – 5　文字变量与数字序号变量之间的关系

A	#1	I	#4	T	#20
B	#2	J	#5	U	#21
C	#3	K	#6	V	#22
D	#7	M	#13	W	#23
E	#8	Q	#17	X	#24
F	#9	R	#18	Y	#25
H	#11	S	#19	Z	#26

表 8 – 5 中,文字变量为除 G、L、N、O、P 以外的英文字母,一般可不按字母顺序排列,但 I、J、K 例外;#1 ~ #26 为数字序号变量。

【例 8 – 3】　G65　P1000　A1.0　B2.0　I3.0;

则上述程序段为宏程序的简单调用格式,其含义为:调用宏程序号为 1000 的宏程序运行一次,并为宏程序中的变量赋值,其中:#1 为 1.0,#2 为 2.0,#4 为 3.0。

②变量的级别

a. 本级变量#1 ~ #33。作用于宏程序某一级中的变量称为本级变量,即这一变量在同一程序级中调用时含义相同,若在另一级程序(如子程序)中使用,则意义不同。本级变量主要用于变量间的相互传递,初始状态下未赋值的本级变量即为空白变量。

b. 通用变量#100 ~ #144,#500 ~ #531。可在各级宏程序中被共同使用的变量称为通用变量,即这一变量在不同程序级中调用时含义相同。因此,一个宏程序中经计算得到的一个通用变量的数值,可以被另一个宏程序应用。

(3)算术运算指令

变量之间进行运算的通常表达形式:$\#i$ = (表达式)

①变量的定义和替换:

$\#i = \#j$

②加减运算:

$\#i = \#j + \#k$	//加
$\#i = \#j - \#k$	//减

③乘除运算:

$\#i = \#j \times \#k$	//乘
$\#i = \#j / \#k$	//除

④函数运算:

$\#i = SIN\ [\#j]$	//正弦函数(单位为度)
$\#i = COS\ [\#j]$	//余弦函数(单位为度)
$\#i = TANN\ [\#j]$	//正切函数(单位为度)
$\#i = ATANN\ [\#j]/\#k$	//反正切函数(单位为度)
$\#i = SQRT\ [\#j]$	//平方根
$\#i = ABS\ [\#j]$	//取绝对值

⑤运算的组合。以上算术运算和函数运算可以结合在一起使用,运算的先后顺序是:函数运算、乘除运算、加减运算。

⑥括号的应用。表达式中括号的运算将优先进行。连同函数中使用的括号在内,括号在表达式中最多可用5层。

(4)控制指令

①条件转移。编程格式:

IF[条件表达式]GOTOn;

以上程序段含义为:

a. 如果条件表达式的条件得以满足,则转而执行程序中程序号为 n 的相应操作,程序段号 n 可以由变量或表达式替代;

b. 如果表达式中条件未满足,则顺序执行下一段程序;

c. 如果程序作无条件转移,则条件部分可以被省略。

d. 表达式可按如下书写:

#j	EQ	#k	表示 $=$
#j	NE	#k	表示 $\neq$
#j	GT	#k	表示 $>$
#j	LT	#k	表示 $<$
#j	GE	#k	表示 $\geqslant$
#j	LE	#k	表示 $\leqslant$

②重复执行。编程格式:WHILE [条件表达式] DO m ($m=1,2,3$);

$$\vdots$$

END m;

上述"WHILE…END m"程序含意为:

a. 条件表达式满足时,程序段 DO m ~ END m 即重复执行;

b. 条件表达式不满足时,程序转到 END m 后处执行;

c. 如果 WHILE[条件表达式]部分被省略,则程序段 DO m ~ END m 之间的部分将一直重复执行;

注意

①WHILE DO m 和 END m 必须成对使用;

②DO 语句允许有3层嵌套,即:

DO　1

DO　2

DO　3

END　3

END　2

END　1

③DO 语句范围不允许交叉,即如下语句是错误的:

DO　1

DO　2

END　1

END　2

以上仅介绍了 B 类宏程序应用的基本问题,详细说明请查阅 FANUC-0I 系统说明书。

二、立式加工中心的仿真操作

采用宇龙公司的加工中心编程模拟软件,熟悉加工中心编程及操作方法。

1. FANUC 0I TONMAC 立式加工中心操作面板

TONMAC 立式加工中心操作面板及按钮与 TONMAC 数控铣相同,详见项目六任务一。

2. 机床准备

(1)激活机床

点击【接通】按钮█打开控制器电源。检查【急停】按钮是否松开至 █ 状态,若未松开,点击【急停】按钮 █,将其松开。

(2)机床回参考点

检查操作面板上机床操作模式选择旋钮是否指向【回零】 █,则已进入回原点模式;若不在回零状态则调节旋钮指向回零模式,转入回零模式。

在回原点模式下,点击█,此时 X 轴将回原点,X 轴回原点灯变亮█,CRT 上的 X 坐标变为"0.000"。同样,再分别点击█,█,此时 Y 轴,Z 轴将回原点,Y 轴,Z 轴回原点灯变亮,███。此时 CRT 界面如图 8 - 26 所示。

3. 对刀

数控程序一般按工件坐标系编程,对刀的过程就是建立工件坐标系与机床坐标系之间关系的过程。

将工件上表面中心点设为工件坐标系原点。

立式加工中心在选择刀具后,刀具被放置在刀架上。对刀时,首先要使用基准工具在 X、Y 轴方向对刀,再拆除基准工具,将所需刀具装载在主轴上,在 Z 轴方向对刀。

(1)刚性靠棒 X、Y 轴对刀

点击菜单【机床/基准工具…"】,弹出的基准工具对话框中,左边是刚性靠棒基准工具,右边是寻边器,如图 8 - 27 所示。

图 8 - 26　回零后 CRT 界面

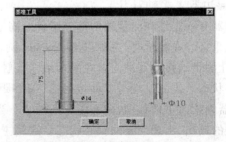

图 8 - 27　对刀基准工具

X 轴方向对刀:点击操作面板中的方式选择旋钮使其指向【手动】,则系统处于【手动】模式█,机床转入手动操作状态。

点击 MDI 键盘上的 ![pos]，使 CRT 界面上显示坐标值；借助【视图】菜单中的动态旋转、动态放缩、动态平移等工具，适当点击调节机床位置按钮，采用手动调节方式，将刀具移动到如图 8-28(a)所示的大致位置。

移动到大致位置后，可以采用手轮调节方式移动机床，点击菜单【塞尺检查/1 mm】，基准工具和零件之间被插入塞尺。在机床下方操作面板显示如图 8-28(b)所示的局部放大图。(紧贴零件的红色物件为塞尺)

点击操作面板中的方式选择旋钮使其指向"手轮" ![图标]，则系统处于手轮控制模式，采用手轮方式精确移动机床，将手轮轴选择旋钮 ![图标] 置于 X 挡，调节手轮轴倍率旋钮 ![图标]，在手轮 ![图标] 上点击鼠标左键或右键精确移动靠棒。使得提示信息对话框显示"塞尺检查的结果：合适"，如图 8-28(c)所示。

记下塞尺检查结果为"合适"时 CRT 界面中的 X 坐标值，此为基准工具中心的 X 坐标，记为 X_1；将定义毛坯数据时设定的零件的长度记为 X_2；将塞尺厚度记为 X_3；将基准工件直径记为 X_4(可在选择基准工具时读出)。则工件上表面中心的 X 坐标为基准工具中心的 X 坐标减去零件长度一半再减去塞尺厚度再减去基准工具半径，记为 X。

Y 方向对刀采用同样的方法。得到工件中心的 Y 坐标，记为 Y。

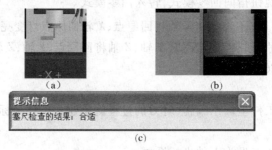

图 8-28　对刀示意图

点击操作面板中的方式选择旋钮使其指向【手动】 ![图标]，则系统处于手动控制模式，机床转入手动操作状态，点击按钮 ![图标]，将 Z 轴提起，再点击菜单【机床/拆除工具】拆除基准工具。

注意：塞尺有各种不同尺寸，可以根据需要调用。本系统提供的塞尺尺寸有 0.05 mm、0.1 mm、0.2 mm、1 mm、2 mm、3 mm、100 mm(量块)。

(2)寻边器 X、Y 轴对刀

寻边器有固定端和测量端两部分组成。固定端由刀具夹头夹持在机床主轴上，中心线与主轴轴线重合。在测量时，主轴以 400 r/min 旋转。通过手动方式，使寻边器向工件基准面移动靠近，让测量端接触基准面。在测量端未接触工件时，固定端与测量端的中心线不重合，两者呈偏心状态。当测量端与工件接触后，偏心距减小，这时使用点动方式或手轮方式微调进给，寻边器继续向工件移动，偏心距逐渐减小。当测量端和固定端的中心线重合的瞬间，测量端会明显的偏出，出现明显的偏心状态。这是主轴中心位置距离工件基准面的距离等于测量端的半径。

X 轴方向对刀：点击操作面板中的机床操作模式选择旋钮使其指向"手动"，则系统处于手动模式 ![图标]，机床转入手动操作状态。

点击 MDI 键盘上的 [POS] 使 CRT 界面显示坐标值,借助【视图】菜单中的动态旋转、动态放缩、动态平移等工具,适当调节机床位置。

在手动状态下,点击操作面板上的【正转】按钮 ■ 或者【反转】按钮 ■,使主轴转动。未与工件接触时,寻边器测量端大幅度晃动。

移动到大致位置后,可采用手轮方式(手动脉冲方式)移动机床,点击操作面板中的方式选择旋钮使其指向【手轮】[图],则系统处于手轮模式,采用手轮方式精确移动机床,将手轮轴选择旋钮 ● 置于 X 档,调节手轮轴倍率旋钮 ●,在手轮 ● 上点击鼠标左键或右键精确移动寻边器。寻边器测量端晃动幅度逐渐减小,直至固定端与测量端的中心线重合,如图 8 – 29 (a)所示,若此时用增量或手轮方式以最小脉冲当量进给,寻边器的测量端突然大幅度偏移,如图 8 – 29(b)所示。即认为此时寻边器与工件恰好吻合。

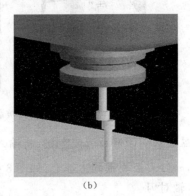

(a)　　　　　　　　　　(b)

图 8 – 29　寻边器对刀

记下寻边器与工件恰好吻合时 CRT 界面中的 X 坐标,此为基准工具中心的 X 坐标,记为 X_1;将定义毛坯数据时设定的零件的长度记为 X_2;将基准工件直径记为 X_3(可在选择基准工具时读出)。则工件上表面中心的 X 坐标为基准工具中心的 X 坐标减去零件长度的一半再减去基准工具半径,记为 X。

Y 方向对刀采用同样的方法。得到工件中心的 Y 坐标,记为 Y。

完成 X,Y 方向对刀后,点击按钮 [+Z] 将 Z 轴提起,停止主轴转动,再点击菜单【机床/拆除工具】拆除基准工具。

(3)装刀

立式加工中心装刀有两种方法【机床/选择刀具】,一是在【选择铣刀】对话框内将刀具添加到主轴;二是用 MDI 指令方式将刀具放在主轴上。

点击方式选择旋钮,使系统指向 MDI ●,使系统进入 MDI 运行模式。

点击 MDI 键盘上的 [PROG] 键,CRT 界面如图 8 – 30 (a)所示。利用 MDI 键盘输入 "G28Z0.00",按 [INSERT] 键,将输入域中的内容输到指定区域。CRT 界面如图 8 – 30(b)所示。

 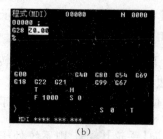

图 8 - 30　MDI 方式装刀

点击"循环启动"按钮 按钮,主轴回到换刀点,机床如图 8 - 31(a)所示。

图 8 - 31　一号刀被装载到主轴上

利用 MDI 键盘输入"T01M06",按 键,将输入域中的内容输到指定区域。

点击 按钮,一号刀被装载到主轴上,如图 8 - 31(b)所示。

(4)塞尺法 Z 轴对刀

立式加工中心 Z 轴对刀时采用实际加工时所要使用的刀具。

点击菜单【机床/选择刀具】或点击工具条上的小图标 ,选择所需刀具。

点击操作面板中的机床方式选择旋钮使其指向【手动】 ,则系统处于手动模式,机床转入手动操作状态。

适当调节机床位置,将机床移到如图 8 - 32(a)的大致位置。

类似在 X,Y 方向对刀的方法,在刀具底部和工件上表面之间插入塞尺检查,如图 8 - 32(b)所示。如果刀具底部和工件上表面之间插入的塞尺合适,则弹出"塞尺检查的结果:合适"对话框,如图 8 - 32(c)所示。此时 Z 轴的坐标值,记为 Z_1,用 Z_1 减去塞尺厚度后数值为 Z 坐标原点,此时工件坐标系在工件上表面。

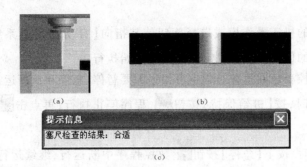

图 8 - 32　Z 轴对刀

（5）试切法 Z 轴对刀

点击菜单【机床/选择刀具】或点击工具条上的小图标 ，选择所需刀具。

装好刀具后，适当调节机床位置，将机床移到如图 8 - 32（a）的大致位置。

打开菜单【视图/选项…】中"声音开"和"铁屑开"选项。

点击操作面板上【正转】按钮 或者【反转】按钮 ，使主轴转动；点击操作面板 ，切削零件的声音刚响起时停止，使铣刀将零件切削小部分，记下此时 Z 的坐标值，记为 Z，此为工件表面一点处 Z 的坐标值。

通过对刀得到的坐标值（X, Y, Z）即为工件坐标系原点在机床坐标系中的坐标值。

4. 手动操作

（1）手动/连续方式

点击操作面板中的机床方式选择旋钮使其指向【手动】，则系统处于手动模式 ，机床转入手动操作状态。分别点击 ，， ，或者 ，可移动相应的坐标轴。点击 控制主轴的转动和停止。

注意：刀具切削零件时，主轴须转动。加工过程中刀具与零件发生非正常碰撞后（非正常碰撞包括车刀的刀柄与零件发生碰撞、铣刀与夹具发生碰撞等），系统弹出警告对话框，同时主轴自动停止转动，调整到适当位置，继续加工时需再次点击 按钮，使主轴重新转动。

（2）手动脉冲方式

在手动/连续方式或在对刀时，需精确调节机床时，可用手动脉冲方式调节机床。点击操作面板中的方式选择旋钮使其指向【手轮】，则系统处于手轮模式（手动脉冲）方式。鼠标对准【手轮轴选择】旋钮 ，点击左键或右键，选择坐标轴。鼠标对准【手轮倍率】旋钮 ，点击左键或右键，选择合适的脉冲当量。鼠标对准手轮 ，点击左键或右键，精确控制机床的移动。点击 控制主轴的转动和停止。

5. 自动加工方式

（1）自动/连续方式

①自动加工流程。检查机床是否回零，若未回零，先将机床回零。

导入数控程序或自行编写一段程序。

点击操作面板中的机床操作模式选择旋钮使其指向【自动】████，系统进入自动运行方式。点击操作面板上的【循环启动】████按钮，程序开始执行。

②中断运行。数控程序在运行过程中可根据需要暂停,急停和重新运行。

数控程序在运行时,按【进给保持】按钮████,程序停止执行;再点击████键,程序从暂停位置开始执行。

数控程序在运行时,按下【急停】按钮████,数控程序中断运行,继续运行时,先将急停按钮松开,再按████按钮,余下的数控程序从中断行开始作为一个独立的程序执行。

(2)自动/单段方式

点击操作面板中的机床操作模式选择旋钮使其指向【自动】████,系统进入自动运行方式。点击操作面板上的【单段】按钮████。点击操作面板上的【循环启动】按钮████,程序开始执行。

注意:自动/单段方式执行每一行程序均需点击一次【循环启动】按钮████。点击【跳步】按钮████,则程序运行时跳过符号"/"有效,该行成为注释行,不执行。点击【选择停】按钮████,则程序中 M01 有效。可以通过【主轴速率修调】旋钮████和【进给速率修调】旋钮████来调节主轴旋转的速度和移动的速度。按████键可将程序重置。

(3)检查运行轨迹

NC 程序导入后,可检查运行轨迹。

点击操作面板中的机床操作模式选择旋钮使其指向【自动】████,系统进入自动运行方式。点击 MDI 键盘上的████按钮,点击数字/字母键,输入"O××××"(××××为所需要检查运行轨迹的数控程序号),按████开始搜索,找到后,程序显示在 CRT 界面上。点击按钮████,进入检查运行轨迹模式,点击操作面板上的"循环启动"按钮████,即可观察数控程序的运行轨迹,此时也可通过【视图】菜单中的动态旋转、动态放缩、动态平移等方式对三维运行轨迹进行全方位的动态观察。

🕸 任务实施

1. 数控加工工艺分析

(1)选择工装及刀具

①根据零件图样要求,选立式加工中心型号为 VMCL600。

②工具选择。工件采用平口钳装夹,试切法对刀,把刀偏值输入相应的刀具参数中。

③量具选择。轮廓尺寸用游标卡尺、千分尺、角尺、万能量角器等测量,表面质量用表面粗糙度样板检测,另用百分表校正平口钳及工件上表面。

④刀具选择。刀具选择如表 8-6 所示。

表 8 - 6　数控刀具明细表

零件图号	零件名称	材料	数控刀具明细表				程序编号	车间	使用设备
	圆凸台	45 号钢							立式加工中心型号为 VMCL600
序号	刀具号	刀具名称	刀具图号	刀具			刀补地址	换刀方式	加工部位
				直径		长度	直径 长度	自动/手动	
				设定	补偿	设定			
1	T01	立铣刀		$\phi16$	8	0	D01	自动	零件外轮廓
编制	××		审核	××		批准	××	年 月 日　共 页	第 页

（2）确定切削用量

切削用量的具体数值应根据机床性能、相关的手册并结合实际经验用类比方法确定，在此次加工中在 S2000 的情况下进给量 $f = 50$ mm/min。

（3）确定工件坐标系、对刀点和换刀点

确定以工件上表面中心点为工件原点，建立工件坐标系。采用手动试切对刀方法，把上表面中点作为对刀点。数控加工工序卡如表 8 - 7 所示。

表 8 - 7　圆凸台零件数控加工工序卡片

单位名称	××	产品名称	零件名称	零件图号
		××	圆凸台	××
工序号	程序编号	夹具名称	使用设备	车间
	04003	平口钳	立式加工中心型号为 VMCL600	数控实训车间

工序简图：

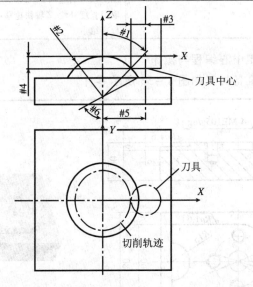

工步号	工步内容	刀具号	刀具规格 mm	主轴转速 $n/(r/min)$	进给量 $f/(mm/r)$	备注
1	装夹					手动
2	对刀，上表面中心点			500		手动
3	铣凸台轮廓	T01	$\phi16$ 立铣刀	2000	50	自动
编制	××	审核	××	批准　××	年 月 日　共 1 页	第 1 页

2. 程序编制

圆凸台零件程序编制清单如表 8-8 所示。

表 8-8　圆凸台零件程序编制清单

程　序	注　释
O0001;	程序名
N10 M6 T01;	换上 1 号刀,直径 16 mm 立铣刀
N20 G54 G90 G0 G43 H1 Z200;	刀具快速移动 Z200 处(在 Z 方向调入了刀具长度补偿)
N30 M3 S2000;	主轴正转,转速 2 000 r/min
N40 X8 Y0;	刀具快速定位(下面#1 = 0 时#5 = #3 = 8)
N50 Z2;	Z 轴下降
N60 M8;	切削液开
N70 G1 Z0 F50;	刀具移动到工件表面的平面
N80 #1 = 0;	定义变量的初值(角度初始值)
N90 #2 = 20;	定义变量(球半径)
N100 #3 = 8;	定义变量(刀具半径)
N110 #6 = 67;	定义变量的初值(角度终止值)
N120 WHILE[#1LE#6] DO1;	循环语句,当#1≤67°时在 N120 - N190 之间循环,加工球面
N130 #4 = #2 * [1 - COS[#1];	计算变量
N140 #5 = #3 + #2 * SIN[#1];	计算变量
N150 G1 X#5 Y0 F200;	每层铣削时,X 方向的起始位置
N160 Z - #4 F50;	到下一层的定位
N170 G2 I - #5 F200;	顺时针加工整圆
N180 #1 = #1 + 1;	更新角度(加工精度越高,则角度的增量值应取得越小,这取 1°)
N190 END1;	循环语句结束
N200 G0 Z200 M9;	加工结束后返回到 N200,切削液关
N210 G49 G90 Z0;	取消长度补偿,Z 轴快速移动到机床坐标 Z0 处
N220 M30;	程序结束

拓展实训　卡板零件加工中心编程与操作

训练任务书　某单位现准备加工如图 8-33 所示零件。

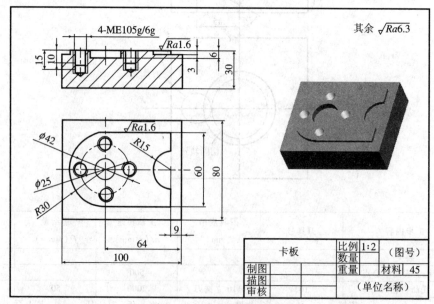

图 8-33　卡板零件工程图

①任务要求：学生以小组为单位制定该零件加工中心加工工艺并编制该零件的加工程序。

②学习目标：进一步掌握数控程序的编制方法及步骤，学习加工中心基本编程指令的应用，会调整使用加工中心。

复习与思考题

一、填空题

1. 极坐标原点指定方式有_____和_____两种。

2. _____为极坐标系生效指令；_____为极坐标系取消指令。

3. _____为自动换刀指令；_____为主轴准停指令；_____为选刀指令。

4. 宏程序调用的格式为：_____。

5. 组合运算的先后顺序是：_____。

二、简答题

1. 请简述立式加工中心对刀的过程。

2. 请简述卧式加工中心对刀和立式加工中心对刀有何不同之处。

参 考 文 献

[1]董建国,王凌云.数控编程与加工技术[M].长沙:中南大学出版社,2006.

[2]钱逸秋.数控加工中心 Fanuc 系统编程与操作实训[M].北京:中国劳动社会保障出版社,2006.

[3]徐峰.数控车工技能实训教程[M].北京:国防工业出版社,2006.

[4]龙光涛.数控铣削(含加工中心)编程与考级(FANUC 系统)[M].北京:化学工业出版社,2006.

[5]王栋臣.数控机床操作技术要领图解[M].济南:山东科学技术出版社,2006.

[6]关雄飞.数控机床与编程技术[M].北京:清华大学出版社,2006.

[7]沈建峰,朱勤惠.数控加工生产实例[M].北京:化学工业出版社,2007.

[8]余英良.数控铣削加工实训及案例解析[M].北京:化学工业出版社,2007.

[9]徐建高.FANUC 系统数控铣床(加工中心)编程与操作实用教程[M].北京:化学工业出版社,2007.

[10]陈子银.加工中心操作工技能实战演练[M].北京:国防工业出版社,2007.

[11]陈为,麻庆华,唐绍同.数控铣床及加工中心编程与操作[M].北京:化学工业出版社,2007.

[12]侯勇强,马雪峰.数控编程与加工技术:实训篇[M].2 版.大连:大连理工大学出版社,2007.

[13]顾雪艳.数控加工编程操作技巧与禁忌[M].北京:机械工业出版社,2007.

[14]王荣兴.加工中心培训教程[M].北京:机械工业出版社,2008.

[15]朱明松,王翔.数控铣床编程与操作项目教程[M].北京:机械工业出版社,2008.

[16]韩鸿鸾.数控铣削工艺与编程一体化教程[M].北京:高等教育出版社,2009.